零基础学
Web 3.0

陈飞宇◎著

清华大学出版社
北京

内 容 简 介

本书共 11 章，前半部分是基础内容，包括 Web 3.0 的入门方法、相关基础设施的概念介绍、Web 3.0 的构成及其与区块链、NFT、元宇宙、DAO 这些概念间的关联；后半部分主要讲解一些"成功"（由于这些项目尚处于早期阶段，很难确定它们能否获得成功，故采用引号）的应用，并剖析其商业模式，希望能够给读者带来一些灵感和启发。

本书内容通俗易懂，附有大量的实际案例，特别适合 Web 3.0 入门读者以及进阶读者使用。另外，书中案例也可以给想要在 Web 3.0 时代创业的人提供灵感。

图书在版编目（CIP）数据

零基础学Web 3.0 / 陈飞宇著.— 北京：清华大学出版社，2022.11
ISBN 978-7-302-62200-0

Ⅰ.①零…　Ⅱ.①陈…　Ⅲ.①互联网络—基本知识　Ⅳ.①TP393.4

中国版本图书馆CIP数据核字(2022)第228634号

责任编辑：张立红
封面设计：蔡小波
版式设计：方加青
责任校对：赵伟玉　卢　嫣
责任印制：刘海龙

出版发行：清华大学出版社
　　　　　网　　　址：http://www.tup.com.cn，http://www.wqbook.com
　　　　　地　　　址：北京清华大学学研大厦A座　　　邮　　编：100084
　　　　　社 总 机：010-83470000　　　　　邮　　购：010-62786544
　　　　　投稿与读者服务：010-62776969，c-service@tup.tsinghua.edu.cn
　　　　　质 量 反 馈：010-62772015，zhiliang@tup.tsinghua.edu.cn
印 装 者：三河市铭诚印务有限公司
经　　销：全国新华书店
开　　本：145mm×210mm　　印　张：8.625　　字　数：179千字
版　　次：2022年12月第1版　　印　次：2022年12月第1次印刷
定　　价：69.00元

产品编号：098622-01

为什么要入门Web 3.0

不可否认，互联网一定会随着人类社会的进步而不断发展，而 Web 3.0 在当下看来是其一个明确的前进方向。通过阅读本书，读者可以提前了解 Web 3.0，进而拥有"先发优势"。

Web 3.0 其实囊括了很多当下比较火热的概念，如它的底层采用的是区块链技术，而它的应用是 NFT、元宇宙等，这也是 2022 年下半年上海市政府明确提出要支持探索的全新概念。

本书内容通俗易懂，附有大量的实际案例，特别适合 Web 3.0 入门读者以及进阶读者使用。另外，书中的案例也可以给想要在 Web 3.0 时代创业的人提供灵感。

本书特色

知识串联： 本书串联了Web 3.0的很多知识。

从零开始： 从最基础的钱包、公链入门，从初学到进阶，完整讲述Web 3.0的发展历程。

内容新颖： 本书所运用的案例全部选取自当下最新、发展得最好的案例。

经验总结： 全面归纳和整理作者多年的Web 3.0理论总结与实践经验。

内容实用： 结合大量实例进行讲解，并对同一领域内的多种产品进行对比。

■ 本书内容

本书共11章，分为两大部分：一是关于Web 3.0的基础知识介绍（这部分内容主要针对完全不了解Web 3.0的读者）；二是展示Web 3.0领域内的优秀案例。本书是当前市场上为数不多的能将Web 3.0从基础设施（如区块链、钱包、DAO）到实际应用（如GameFi、NFT）串联起来的读物，具有一定的参考价值。

读者阅读本书的过程中若遇到问题，可以发邮件与笔者联系。笔者常用的电子邮箱是feiyuchen2023@icloud.com。

作者介绍

　　陈飞宇，金融学硕士，长期参与 Web 3.0生态的深度建设，主要研究领域包括Web 3.0、区块链、NFT、DAO、元宇宙等。自2022年以来积极参加知名的DAO组织核心建设，在行业内积极发声，是CyberDAO核心内容的贡献者，曾研发多个关于DAO与元宇宙的课程。

Web 3.0

本书读者对象

- 想了解下一代互联网的人
- 基金从业人员
- Web 3.0从业人员
- 对Web 3.0感兴趣的人
- 对NFT与元宇宙感兴趣的人
- 区块链培训机构的学员与老师
- 想学习知识的人

目录 | CONTENTS

第2章　Web 3.0的公共马路——公链 / 30

Web 3.0

V

Web 3.0

在 Web 3.0 的世界，一切都是围绕去中心化的身份展开的。这里所说的身份和我们传统的身份证有很大的区别：首先，它是一种匿名的、去中心化的形式；另外，在 Web 3.0 的世界里，身份都是围绕"钱包"展开的——它是一种转账地址，我的钱包就是我的身份。

初识 Web 3.0 钱包

Web 3.0 钱包是一种使用硬件或软件的方式，不仅可以访问资金，还可以让你轻松地与去中心化应用程序（DApps）进行交互、充当无银行金融服务的网关、收集 NFT（Non-Fungible Token，非同质化代币）、创建链上身份与社区，并提供比传统钱包更多的用途。

就像你用实体钱包来存储纸币一样，Web 3.0 钱包可以帮助你存储与访问自己的数字货币，这一切都是在没有中间人参与的情况下完成的。

Web 3.0 钱包实际上并不存储加密货币，其存储的是访问你的数字加密货币资金所需的信息。

Web 3.0 钱包具有三个主要组件。

- 公钥：链接到你可以发送和接收交易的地址。
- 私钥：用于签署新交易并允许访问资金，必须保密。
- 种子短语：用于生成多个私钥。作为根密钥，可以访问用户钱包中的其他密钥和地址，也可以创建新的私钥。

在 Web 3.0 中，存在几种类型的钱包。每种钱包的用途不同，且各有利弊。具体哪种类型的钱包最适合你，取决于你管理数据和资金的意图。

Web 3.0 钱包的分类

数字钱包主要有两种：一种是我们常见的托管钱包，比如支付宝、银行账户，即你将自己的钱包托管给了公司（支付宝）、银行等；另一种是我们今天要介绍的 Web 3.0 钱包。它由一套助记词生成——谁拥有助记词，谁就真正掌握钱包的所有权。反之，一旦助记词丢失，那么无论是谁也无法找回该钱包。Web 3.0 钱包主要有以下七种。

1. 热钱包

热钱包通常称为软件钱包，被托管在可以访问互联网和加密货币网络的设备上。由于它能够存储、发送、接收和查看代币，因此比其他类型的钱包更加方便。就 Web 3.0 钱包而言，热钱包的实用性是最高的。由于热钱包已连接到网络，因此与冷钱包相比，它更容易受到黑客攻击。

2. 桌面钱包

桌面钱包会被作为应用程序下载到你的笔记本电脑或台式机上，这意味着它在计算机本地执行。它被认为是可用的、最安全的热钱包类型。

3. 网络钱包

网络钱包安装在其他人的计算机或服务器上。它允许人们通过浏览器界面进行交互与访问，而无须在本地设备上下载或安装任何内容。它具有与桌面钱包完全相同的功能，使用相同的区块链和区块浏览器来搜索区块和交易。

4. 手机钱包

手机钱包应用起来与桌面钱包非常相似，是专门为智能手机设计的移动应用程序，使用户可以通过手机便捷地访问他们的资金。由于手机空间及性能方面的限制，与桌面应用程序相比，手机钱包的功能往往相对简单一些。

5. 冷钱包

由于没有连接到互联网，冷钱包是存储加密货币的更安全的替代方案。这是因为有一个物理介质可以离线存储密钥，这使冷钱包抵抗黑客的能力更强，也就是所谓的冷存储。这对长期投资者来说特别实用。

6. 硬件钱包

硬件钱包是使用随机数生成器（RNG）生成公钥和私钥的物理电子设备（通常类似 USB 设备）。硬件钱包被认为是最安全的存储方案之一，因为它能够在设备中保存公钥和私钥，而无须借助任何互联网连接，你对加密货币的访问将处于离线状态。使用硬件钱包进行冷存储可以让用户的数字货币拥有更高的安全性，并能够防止黑客访问用户的资金。

硬件钱包最适合长期投资和存储使用，因为它们往往不太容易获得。它的主要用例是确保未分配的、用于持续使用的大笔资金的安全性。

7. 纸钱包

纸钱包是一张纸，由物理打印出的区块链地址和私钥组成。这些信息被打印为二维码，人们可以通过扫描二维码来汇款。纸钱包的缺点是它只能一次性发送全部余额，不能（多次）发送部分资金。

助记词

在解释助记词之前，我们先要介绍一个概念——私钥。私钥是通过复杂的密码学方法生成的一串 64 位的十六进制字符，比如 "0xA4356E49C88C8B7AB370AF7D5C0C54F0261AAA006F6BDE09CD4745CF54E0115A"。从案例中我们就能看出，私钥十分冗长，不适合普通用户记忆，为了方便用户使用，密码学家将它简化成了 12 位或 24 位不等的单词或中文字符，这就是助记词。

由此我们可以得知：

- 助记词是私钥的另一种表现形式。
- 通过助记词可以获取相关联的多个私钥，但是通过私钥无法获取助记词。

常见的Web 3.0钱包

正如我们的 5G 网络有中国电信、中国联通、中国移动，并且不同的公司有不同的标准，区块链本身也有很多标准和技术模式，这就直接导致 Web 3.0 钱包也有多种不同的标准（因为私钥的加密方式不同）。

那么，具体有哪些标准呢？这里根据区块链不同的技术标准来进行分类：

- 基于以太坊区块链技术的MetaMask。
- 基于Cosmos生态的 Keplr。
- 基于Solana链的Phantom。

- 基于 Temple 的 Tezos。

由于除了以上几种标准的区块链，还有大量的小公链、第三方链等，用户如果为每种链都准备一个独立的钱包，实在是过于烦琐，学习成本太高。那么，有没有一种包罗万象的钱包呢？答案是：有的，那就是多链钱包，比如 imToken、麦子钱包、Trust Wallet 等。

初识钱包地址和区块链浏览器

钱包地址

钱包地址是钱包的公开身份，主要应用于转账。

图 1.1 是两个客户进行转账的流程图，清晰地描述了客户之间转账的过程。

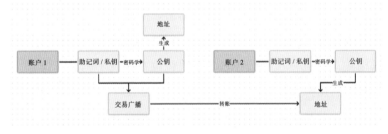

图 1.1　转账流程图

转账后怎么查看转账是否成功呢？这就需要使用区块链浏览器了。

区块链浏览器

1. 区块链浏览器概述

区块链浏览器是一种软件，它使用API（应用程序编程接口）和区块链节点从区块链中提取各种数据，然后使用数据库来排列搜索到的数据，并以可搜索的格式将数据呈现给用户。

用户的输入是资源管理器上的可搜索项，然后通过数据库上的组织表进行搜索。浏览器已经将区块链中的数据组织成表格形式。

区块链浏览器允许大多数用户搜索和探索有关最近开采的区块或最近在区块链上进行的交易的数据。理想情况下，它们允许大多数用户在挖掘块时查看实时提要以及与块相关的数据。图 1.2 所示为以太坊区块链浏览器界面实例。

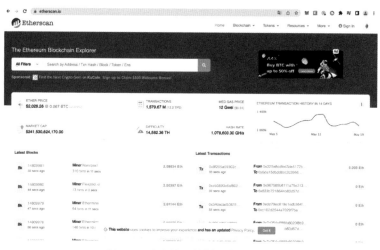

图 1.2   以太坊区块链浏览器界面

从图 1.3 中我们可以看到几个比较明显的模块。最上方的搜索模块用于搜索自己的交易、地址以及区块信息；下方是全网当下的交易情况，如当前的交易笔数已超过 1.57 亿笔，还有最近的区块以及最近的交易。

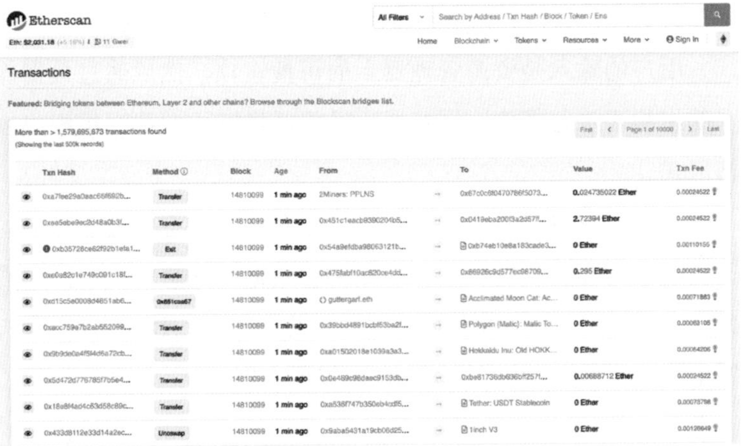

图 1.3　以太坊区块链浏览器交易记录

2. 区块链浏览器的功能解析

区块链浏览器的简单功能如下。

（1）查看任何钱包地址的交易历史：使我们能够审计任何钱包地址并提高区块链的透明度。

（2）查看接收地址和更改地址：除了交易接收地址，我们还可以看到更改地址，这是一个输出，将加密货币返回给支出者，以防止输入值过多地用于交易费用，这也提高了交易的透明度。

（3）查看当天最大的交易。

（4）查看内存池状态：使我们能够查看区块链上未确认的

交易及其详细信息。

（5）查看双花交易：一些浏览器支持查看区块链中发生了多少双花交易。

（6）查看孤立区块和陈旧区块：孤立区块即使在挖掘之后也没有附加到最长的区块链上，并且它们的父区块链是未知的。陈旧区块是那些父区块链已知但仍未连接到已知最长链的区块。一些浏览器允许我们查看这些区块中有多少是在区块链中实现的。

（7）查看发现或开采特定区块的个人和矿池：不同的个人和矿池（将成员的计算资源组合起来开采加密货币的群体）竞争开采任何给定区块链中的区块，并且浏览器允许我们找到由成功开采的人高度定义的给定块。

（8）查看创世区块：你可以找到在给定链上被最先开采的区块、开采人以及其他开采数据。

（9）允许用户查看交易费用、区块链难度、哈希率和其他数据。

为什么使用区块链浏览器？

使用区块链浏览器有诸多便利之处。

区块链钱包可以提供不同类型的数据，但仅限于与钱包管理的密钥相关的数据。区块链浏览器用于查看与在给定区块链的所有钱包上执行的交易相关的数据。它的特别之处在于它的透明度：它允许用户检查智能合约地址的余额和支出，如当用户参与首次代币发行（ICO）时。

区块链浏览器还有以下几点优势：

（1）在将加密货币发送给某人之前检查钱包地址是否对区块链有效。

（2）检查加密货币是否已发送给目标个人，这就像有一些公开证据表明你将加密货币发送给某人一样。所有者可以检查他们的钱包余额。

（3）区块链浏览器可以帮助解释尚未通过或确认的交易出现的问题，以及查看确认阶段。

（4）它可以帮助用户了解交易或 Gas 的当前成本，从而帮助计划未来交易的 Gas 支出。

（5）它可以帮助用户了解某个组是不是挖掘交易的人，并有助于决定是否为未来的挖掘活动投入更多的计算资源。

（6）如果区块链浏览器能够正常工作以发送、接收和存储加密货币，那么它可以帮助正在开发钱包的人员。

（7）区块链浏览器可以与其他软件一起使用，以证实数据和信息。例如，确认其他工具是否正常工作。

（8）开发人员还可以使用这些浏览器检查钱包或其他软件需要具有哪些功能和特性。

（9）作为研究工具，区块链浏览器可以帮助做出与个人、团体和公司财务相关的重要决策。

区块链浏览器如何工作？

区块链浏览器通过使用以可搜索格式和表格保存所有区块链的数据库来工作。因此，资源管理器首先使用节点接口提取给定区块链中的所有数据。一旦它导出数据，就会将其存储在可搜索的表格中。

它将收集最新的交易和区块，并根据定义的可搜索类别进行排列，如钱包地址、交易 ID、富豪榜、余额等。浏览器还为用户提供了一个界面用于搜索信息。在技术方面，资源管理器可以使用关系数据库、SQL 数据库和 API。

每个区块链节点都可以直接读取区块链上的数据，获取最新交易和挖掘区块等数据的详细信息，然后将其发送到数据库，其中数据以可搜索表格的形式排列，使得资源管理器可以快速使用这些数据。

大多数区块链使用表格（tables），表格内的信息包括块、地址、交易等。每一行都有唯一的 ID 或键，如区块链上使用的地址的唯一标识符。其他人创建唯一的密钥。

然后，服务器在浏览器的用户界面创建一个网页，用户可以通过输入一个可搜索项与该网页进行交互。它还提供了一个 API 来与其他计算机交互。搜索词以服务器可读的格式发送到后端服务器，后端服务器再发出响应。

最终，服务器将网页的 HTML 文件发送到浏览器，以允许用户阅读并响应。

Web 3.0 钱包首选

目前，市场上有各种各样的 Web 3.0 钱包。它们中的大多数都可以免费下载和使用。尽管整个去中心化金融

11

（Decentralized Finance，DeFi）和 Web 3.0 生态系统都是刚刚出现，但已流行起来且使用最广泛的钱包，为创建公平开放的区块链网络奠定了良好的基础。这里重点介绍其中的 MetaMask 的使用流程，然后会简单介绍其他几款钱包。

MetaMask

这节内容我们来介绍一下以太坊上使用量比较大的 Meta-Mask。它是一款浏览器插件钱包，所谓浏览器插件钱包就是指运行在浏览器（比如 Chrome、腾讯 QQ 浏览器等）上，以插件形式存在的钱包。

它的操作也比较简单，我们简单体验一下创建和使用 Meta-Mask 钱包的过程。这里使用的是 Google 浏览器。

如图 1.4 所示，我们进入 MetaMask 官网，直接点击"Download now"按钮。

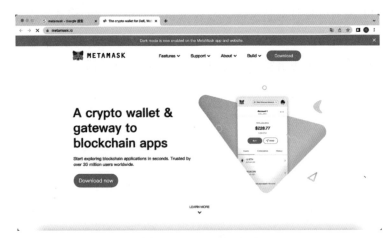

图 1.4　MetaMask 官网

如图 1.5 所示，将下载好的插件安装完成以后，浏览器页面会自动跳转到初次设定界面，软件支持中文，所以比较好理解，这里我们根据指引进行一些设置。

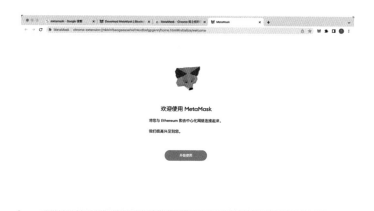

图 1.5　MetaMask 用户界面 1

在图 1.6 中我们可以看到，因为是第一次使用，我们需要创建钱包。

图 1.6　MetaMask 用户界面 2

设置一个密码（如图 1.7 所示），接下来我们遇到了前文中提到的助记词（如图 1.8 所示）。需要特别注意的是，之前一直强调的助记词一定不要忘记，最好用纸张记下来。

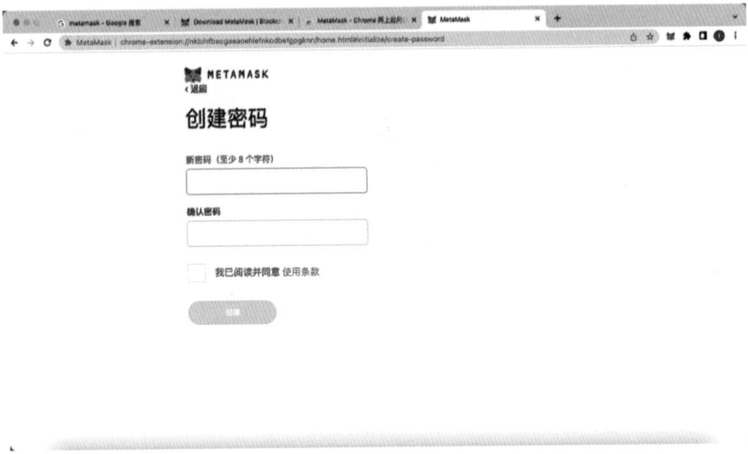

图 1.7　MetaMask 用户界面 3

图 1.8　MetaMask 用户界面 4

如图 1.8 所示，界面提示用户，掌握助记词即拥有账户的控制权限，所以不要让其他人知道你的账户的助记词。助记词一旦泄露，等同于资产丢失。

完成全部设置后，即可进入主界面。

主界面如图 1.9 所示。MetaMask 用户界面分为几个模块，从上至下分别是：

（1）右上角的网络选择模块。该模块一般用来切换到兼容 EVM 的区块网络。

（2）账户名称（默认为"Account1"），以及钱包地址的缩写。

（3）我们当前的资产价值，下方的三个动作按钮分别是"购买""发送"和"兑换 Swap"。

（4）下方是我们的资产及活动列表。列表从上至下，根据价值多少降序排列我们的资产。

图 1.9　MetaMask 用户界面 5

Trust Wallet

Trust Wallet 是一种多资产手机钱包（如图 1.10 所示）。它是支持多种加密货币和资产的手机钱包之一。Trust Wallet 已成为一个允许多个不同链的单一平台，从定义上讲，它与区块链无关。

图 1.10　Trust Wallet 下载页面

Trust Wallet 允许在非托管的情况下进行质押和用持有的数字资产获得回报。尽管它提供了丰富的功能，但并不收取任何钱包、交换或 DApps 费用。

到目前为止，Trust Wallet 还没有可供用户使用的桌面或网络钱包。用户都对资金安全表示担忧，并且钱包本身没有提供任何说明。Trust Wallet 也被认为是热钱包，容易受到黑客攻击。

Argent

在 Web 3.0 领域，Argent 具有移动优先且用户友好的特点。

与目前市场上的其他钱包相比，它提供了多层安全性。Argent 还对用户通过 DeFi 借出的资产发放利息。它是以太坊和 ERC-20 用户的绝佳选择，同时它的交互功能在以太坊生态系统中也很流畅。它将 DApps 和协议原生集成到应用程序中，以实现直接借贷等功能。

Argent 不支持计算机平台，它目前仅支持 iOS 和 Android 的移动平台（如图 1.11 所示）。它仅服务于基于以太坊的应用程序和代币，并且用户首次创建钱包时需要支付前期网络费用。如果用户是第一次尝试加密钱包，这可能会破坏交易。

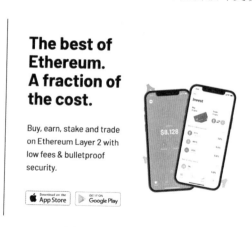

图 1.11　Argent 下载页面

imToken

imToken（如图 1.12 所示）是一款移动端轻钱包 App，也是一款安全、简单、好用、功能强大的数字资产钱包。

图 1.12　imToken 用户界面

兼顾安全和便捷——硬件钱包

无论是浏览器钱包还是 App 钱包，本质上都是以软件的形式承载功能的钱包——随时连接着互联网，其安全性显然不高，而且取决于用户设备的安全情况。那么，有没有一种不接触网络，安全性也较高的钱包呢？用户的这种需求使得硬件钱包（如图 1.13 所示）应运而生。

硬件钱包是专为安全存储私钥而设计的设备。人们认为它比计算机钱包或手机钱包更安全，主要是因为它在任何情况下都不会连接互联网。这些特性显著降低了恶意方利用媒介攻击设备的可能性，因为他们无法远程篡改设备。

良好的硬件钱包可确保私钥永远不会离开设备。它们通常存放在设备中的特殊位置，不可移除。

由于硬件钱包始终处于离线状态，它们必须与另一台机器配合使用。特别的构建方式使它们可以插入受病毒感染的个人计算机或手机，而不会有私钥泄露的风险。此外，它们还可以与软件交互，使用户可以查看自己的余额或进行交易。

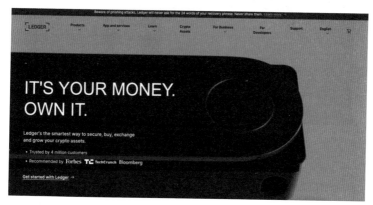

图 1.13　一种硬件钱包

生态钱包

前文中介绍的都是以太坊类钱包，接下来介绍其他生态使用的主流钱包。

Solana生态钱包——Phantom

Phantom 是一种软件或热钱包，充当加密货币用户和 Solana 区块链之间的中介。它可以作为插件安装在 Chrome、Brave、Firefox 和 Edge 等常见浏览器上。它与 MetaMask 有很多相似之处，经常被称为 Solana 区块链的 MetaMask，Phantom 官网如图 1.14 所示。

图 1.14　Phantom 官网

Cosmos生态钱包——Keplr

和 MetaMask 与 Phantom 类似，在 Cosmos 生态中也有一款"招牌"钱包——Keplr，图 1.15 所示为其官网。

图 1.15　Keplr 官网

Polkadot生态钱包

Polkadot 生态钱包中最有名的就是 polkadot｛.js｝钱包（如

图 1.16 所示），这是一款由社区维护的开源钱包。

图 1.16　Polkadot 生态钱包

Tezos生态钱包——Temple

Temple 这款钱包和 Polkadot 生态钱包类似，也是由社区维护。它兼容主流浏览器，如 Chrome 等，如图 1.17 所示。

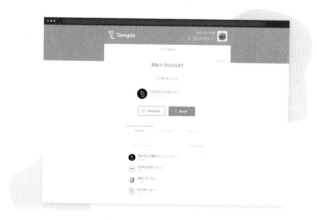

图 1.17　Temple 钱包

域名系统——以 ENS、DAS 为例

本节介绍一个比较重要的概念——链的域名系统。我们先来回顾一下传统的域名是怎么工作的。比如 hao123 网站，用户如果要访问它，需要在浏览器上输入其域名，但实际上它对应的是一个 IP 地址，互联网通过域名解析系统来管理这种映射关系（如图 1.18 所示）。

在区块链的世界里，域名对应的不再是某个 IP 地址，而是钱包地址。因此，域名系统是一种身份的关联和映射（DID），解决的主要是 IP 或钱包地址过长的问题。

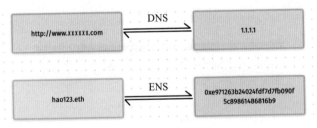

图 1.18　域名系统的关系

什么是ENS域名系统?

ENS 由两个以太坊智能合约组成：一个是记录域名的 ENS 注册表；另一个是将域名转换为机器可读地址（反之亦然）的

解析器。

就像早期的 DNS 域名一样，用户急于抢先创建 ENS 域名，以防该域名被他人注册而变得不可用。目前支持 ENS 域名的浏览器包括 Brave、Opera、Puma Status（移动）和 MetaMask Mobile（移动）。ENS 域名无法在 Chrome 或 Safari 等浏览器上运行。

如何获得 ENS 域名?

想要创建新的 ENS 域名，需要一个加密钱包，例如我们之前提到的 MetaMask，以及一些以太币（ETH）。可以在 https:// app.ens.domains/ 上搜索选择自己喜欢的域名。

注册一个新的 ENS 域名的成本至少为 5 美元和对应的 Gas 费 ①。

1. 注册准备工作

我们需要用到之前提到的 MetaMask 及网页浏览器，以及一些 ETH 来支付相关费用。注册一个 .eth 域名需要价值 5 美元的以太币，再加上一些 Gas 费。

我们选用一个以太坊账户来进行域名注册，当域名注册成功后，.eth 注册器就会自动把这个账户作为新域名的注册人和管理员，并自动将域名解析至该账户地址。

如要查询域名是否已经被注册，可以在浏览器或钱包中打

① Gas 费是指用户在以太坊网络上执行活动时需要支付的 ETH 的数量。Gas 是一种计量单位，用于追踪以太坊上执行特定操作的计算成本，这些操作包括发送 ETH、交易 DeFi 代币、铸造 NFT 或部署智能合约等。

开 ENS App 网站，并连接以太坊账户。

在页面中央的搜索框内输入想要注册的域名（目前只能注册 3 个及以上字符的域名），比如"good.eth"，点击"Search"（查询）按钮，查询该域名当前的状态。

从查询结果中（如图 1.19 所示）我们可以看到，注册人（REGISTRANT）一栏为"0xe3F182bC... 93F7"，说明"good.eth"已经被账户"0xe3E182bC... 93F7"注册了。

图 1.19　域名查询结果 1

返回 ENS App 首页并重新输入一个域名"2022521.eth"，单击"Search"按钮，可以看到"2022521.eth"是可以注册的（如图 1.20 所示）。

可以调整需要注册的时间（默认是 1 年），从图 1.20 中能看到当前根据以太坊与美元的汇率自动计算出来的租金。5 个及以上字符的名称的价格为每年 5 美元，4 个字符的名称的价格为每年 160 美元，3 个字符的名称的价格为每年 640 美元。2 个字符和 1 个字符的名称目前还不能注册。图 1.20 中的"Notify me"（通知我）按钮可以开启名称准备完毕的通知，单击与否都不影响注册。

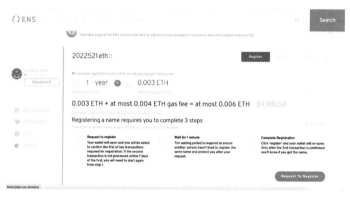

图 1.20　域名查询结果 2

2. 注册步骤

确认名称可以注册后，可以看到图 1.20 所示的提示。

注册域名需要以下三个步骤。

（1）请求注册。需要在钱包中确认一笔交易，这是完成域名注册所需的两笔交易中的第一笔。（注：这笔交易没有转账，只包含 Gas 费，用于向 .eth 注册器提交一个注册请求。）

（2）等一分钟。需要等待一段时间，以确保其他人没有尝试注册相同的域名，这也是在保护你的注册请求。

（3）完成注册。单击"注册"按钮，并在钱包中再次确认一笔交易，只有在确认交易后，才能确定是不是成功注册了这个域名。

3. 请求注册

现在我们开始注册流程，单击页面上的"Request To

Register"（请求注册）按钮，发起注册请求，这时钱包会要求确认第一笔交易。确认完成后，等待交易被打包（一般不超过30秒，以太坊网络拥挤时或 Gas 费偏低时可能要多等一会儿），如图 1.21 所示。

图 1.21　域名注册流程 1

4. 等一分钟

该交易被打包成功后，需要再等一分钟。一分钟过后，会显示图 1.22 所示的界面，表示名称已经准备好了（如果你之前单击过"通知我"按钮，这时浏览器会弹出一个通知，告诉我们名称可以正式注册了）。

图 1.22　域名注册流程 2

5. 完成注册

单击页面中的"注册"按钮，钱包会要求确认第二笔交易（这笔交易中包含了一年的租金）。确认完成后，等待第二次交易被打包，该交易被打包成功后即注册成功，如图 1.23 所示。

图 1.23　域名注册流程 3

至此域名就注册完成了。

这就是以太坊链上的域名的完整注册流程。目前基本上每条链都已经推出了自己的域名系统，但步骤大同小异，这里不再赘述。

什么是DAS域名账户系统？

DAS 是 Web 3.0 世界的去中心化身份认证系统，和 ENS 类似，它允许用户将其个人域名绑定到适用于所有链的人类可读地址。现在，诸如"Alice.bit"和"Bob.bit"不再是一串数字和字母，而是可以跨多个链使用，如接收资金、充当状态符号并用作无密码登录凭证。

1. 不仅仅是一个地址

加密世界的 DAS 就像互联网的电子邮件。与手机号码、电子邮件或社交账户等中心化账户系统不同，DAS 为账户系统提供了一种去中心化和开源的方法。DAS 可以作为数字资产收藏账户，也可以作为域名，甚至可以作为访问一般互联网服务的账户。作为一种跨链 DID 系统，DAS 能够在去中心化的 Web 3.0 世界中提供多种功能，例如作为 DApps 的入口点、个人手机或商业网站的门户、无密码登录凭证甚至是使用状态象征。

2. 一个 DApp 入口点

DApps 一般使用合约 Hash 作为合约入口点，非常难以辨认。通过将解析的记录添加到 DAS 分类账中，就能创建一个容易识别的 DApp 入口点。例如，当我们要访问 Uniswap 的合约时，我们可以通过 uniswap.bit 从钱包中访问它，而不是它的合约地址。

另一个好处是，无论合约如何升级或合约地址如何变化，用户始终只需要访问 uniswap.bit 即可使用最新版本的合约。

3. 你的个人账户的门户

与 DAS 账户关联的数据不限于区块链地址或文件哈希（这是与 ENS 最大的区别）；它可以是用户指定的任何数据。基于此，用户可以选择性地将社交账号、个人资料、个人偏好等关联到 DAS 账号。

企业还可以将部署在分散存储上的网页与 DAS 账户相关联。当用户通过安装了 DAS 插件的浏览器访问这些账户时，就可以访问这些信息。

在这一点上，DAS 分类账户的行为就像一个分散的域。

4. 安全的身份

由于每个 DAS 账户至少关联一对密钥，并且主流浏览器都支持互联网联盟（W3C）的 Web 认证（WebAuthn）标准，因此 DAS 账户自然可以作为登录第三方系统的凭据。

登录方法不是输入账户密码，而是使用与 DAS 账户关联的私钥对登录操作进行签名。这免除了密码管理的成本，并且简化了登录过程。

5. 身份的象征

这些 ".bit" 地址可以持有重要的地位和奖励。例如，某用户是 Coinbase 的顶级 VIP 客户，Coinbase 作为 coinbase.bit 的持有者，可以创建一个二级账户 alice.coinbase.bit，并将该用户在 Coinbase 上的所有充值地址作为该账户的解析记录二级账户，那么它就可以获得 Coinbase 对它的 VIP 身份的官方认可，即一种身份的象征。

竞争对手 —— Unstoppable Domains

ENS 并不是唯一在 Web 3.0 上争夺霸权的域名服务提供商，它还有几个竞争对手，包括 Unstoppable Domains。Unstoppable Domains 和 ENS 都建立在以太坊之上，都允许用户为加密地址创建和注册一个人们可读的地址。

但是，这些项目背后的理念存在一些重大差异。ENS 是一个由非营利组织开发的开放和公共协议，主要关注权力下放和社区决策。

Unstoppable Domains 作为一家营利性公司，其许多域名都受到"品牌保护"，以防止个人拥有某些名称、单词或短语。这种做法遭到人们的抱怨，因为人们无法用自己的名字购买域名，尽管事实上它并没有被使用。

第 2 章
Web 3.0 的公共马路——公链

公链全称为公共区块链，也称为无许可区块链，是完全开放的，遵循去中心化的思想。比特币和以太坊都是公共区块链的例子。网络中的任何人都可以访问链并添加块。公共区块链在很大程度上也是匿名的，这与私有区块链不同，在私有区块链中，参与交易的人的身份不会被隐藏。

与公链对应的还有几个概念，分别是联盟链和私有链。联盟链或私有链是指需要经过授权才可以使用并接入网络的链，这大大削弱了区块链所应有的去中心化性质，但联盟链由于其机构拥有较大的号召力，且更符合当今的网络审查标准，因此应用范围比较广，如中国的蚂蚁链。

公链的发展

公链的发展历程可以分为以下几个阶段。

第一个阶段（2008—2015 年）以早期比特币之类的数字货币公链为主，这种公链可以理解为一种"公共账本"，这也是最早的区块链的定义。当时并没有公共区块链这种说法，区块链只有符合公共账本的特性才能被定义。

第二个阶段（2015 年至今）以 2015 年以太坊公链的出现为开端，它标志着底层公链时代的开始——智能合约被提出。如何理解智能合约以及第二阶段的公链呢？举个例子，第二代公链就像智能手机上的操作系统，开发者可以根据自己的想法来编写 App（智能合约）。

当前，依据市值排名，主流的公链有比特币链、以太坊链、币安链、瑞波链、艾达链、索拉纳（Solana）链、波卡链、雪崩（Avalanche）链、波场链、马蹄链。

公链一览

本小节主要讲第二阶段之后的能够运行智能合约的链。自 2015 年以太坊出现以来，号称"以太坊杀手"的竞争者源源不断，如今以太坊已经成为最佳公链的代表。然而,公链也有自身瓶颈,由于使用范围太广,因此它的更新在技术上需要耗费大量的时间来协调各方的利益,导致更新迟迟不能推进,效率逐渐降低。到了 2021 年,出现了一批以解决以太坊效率问题为目的的竞争者,如 Solana 链、Fantom 链、AVAX 链等,开启了多链的应用竞争之路。

在本篇开始之前,我们先来介绍一个概念:EVM 和非 EVM。EVM(Ethereum Virtual Machine),即以太坊虚拟机,是建立在以太坊上的抽象虚拟机,它可以使 DApps 之间彼此隔离,并且与主链分离。简单来说,它就是一个虚拟的执行环境,没有它,就无法运行以太坊智能合约。

由于 EVM 的开源性,也就是说,基于 EVM 可以很简单地离开以太坊的主链创建一条新的链。

事实上,在 Web 3.0 的世界里,已经有很多成功的链采用了这种方案,我们称之为 EVM 兼容链方案,诸如 BSC 链、AVAX 链、Fantom 链等。

反之,非 EVM 链就是不基于以太坊虚拟机而自创体系的链。非 EVM 链的代表是 Solana 链。

以太坊公链

以太坊的核心是一个由区块链技术驱动的去中心化全球软件平台。它最出名的是其原生加密货币——以太币(ETH),

任何人都可以使用以太坊来创建他们能想到的任何安全数字技术。它有一种用于区块链网络的代币，可以用于支付在区块链上完成的工作的费用。

以太坊被设计成可扩展、可编程、安全和去中心化的。它是开发人员和企业的首选区块链，人们正在基于它创建新技术，以改变许多行业的运作方式和人们日常生活的方式。

以太坊支持智能合约，这是去中心化应用程序背后的基本功能。许多去中心化金融和其他应用程序将智能合约与区块链技术结合使用。图 2.1 所示为以太坊公链的宣传海报。

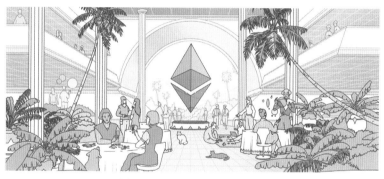

图 2.1　以太坊公链宣传海报

以太坊公链上的通行证——以太币

我们知道在公共链上可以进行扩展、编程以及智能合约的开发。智能合约本质上就是一段小的代码程序。我们都知道一个程序、一段代码要运行，一定需要一个硬件实体，那么谁在维护这个实体呢？那就是以太坊网络的矿工们，而支付给他们的报酬就是以太币——通常称为 Gas 费。也就是说，任何一段代码想要在以太坊公链上运行，一定需要"燃烧"Gas（燃气），一旦 Gas 被"燃烧"完，程序也就停止了。这种应用方式让以太币有了商业价值，随着链上的应用越来越多、生态越来越完善，它的价值也越来越高。

以太坊上的App ——DApps

　　DApps 是一种去中心化的数字应用程序或程序，它们存在并运行于计算机的区块链或点对点（P2P）网络上，而不是单台计算机上。DApps 不在单一机构的权限和控制范围内，通常是建立在以太坊平台上，可以被开发为用于各种目的的 App，包括游戏、金融和社交媒体 App。

　　一个标准的网络应用程序，比如 QQ 或者淘宝，在由一个组织拥有和运营的计算机系统上运行，该组织拥有对应用程序及其工作的完全权限。前端可能有多个用户，但后端由单个组织控制。DApps 则不同，以以太坊上的 DApps 为例，它在公链上运行，不受任何单一机构的控制和干扰。例如，开发者可以创建一个类似淘宝的 DApp 在以太坊上运行，一旦发布，如果有人通过这个智能合约购买了一个商品，智能合约被执行，任何人包括开发者都无法删除这份合约的执行信息——交易。

　　下面总结一下 DApps 和传统 App 的优劣。DApps 的许多优势都集中在用程序保护用户隐私的能力上。使用去中心化应用程序，用户无须提交个人信息即可使用应用程序提供的功能。DApps 使用智能合约来完成两个匿名方之间的交易，而无须依赖中间机构。其缺点也显而易见，由于每次执行（交易）都需要消耗 Gas 费（往往不便宜），而且 DApps 的发展仍处于早期阶段，因此它是实验性的，容易出现某些未知的问题。目前，DApps 的有效扩展仍然存在一些问题，特别是在应用程序需要大量计算以及网络过载并导致网络拥塞的情况下。

区块链的互联网——Cosmos 生态

Cosmos 也称为区块链互联网，是一个由独立但可以相互操作的区块链组成的去中心化网络，用户能够在彼此之间无须许可地交换信息和代币。

Cosmos 旨在通过提供工具帮助开发人员为各种用例快速构建独立的区块链，使网络中的区块链能够相互通信，从而解决区块链面临的一些问题，如可扩展性、可用性和治理问题。如图 2.2 所示，Cosmos 生态官网的主页也传达了这一理念。

图 2.2　Cosmos 生态官网主页

Cosmos 生态系统中称为"区域"的独立区块链由基于拜占庭容错（BFT）的权益证明 Tendermint 共识算法提供支持。拜占庭容错共识算法允许网络达成共识，即便某些节点发生故障或恶意行为。Cosmos 网络上的第一个区块链是 Cosmos Hub，ATOM 是 Cosmos Hub 的原生代币。

Cosmos 和 EVM 或非 EVM 的最大区别在于它和其他链是互操作且兼容的，就像是它们之间的桥梁。因此，如果说第一代区块链是比特币这种共识链，第二代区块链是以太坊这种合约链，那么第三代区块链就是 Cosmos 这种可以互操作的链——Cosmos 是区块链的 3.0 版本。

谁发明了Cosmos?

Cosmos 基于杰·康（Jae Kwon）于 2014 年创建的共识协议 Tendermint 诞生。为了开发完整的 Cosmos 互操作生态系统，扎科·米洛舍维奇（Zarko Milosevic）、伊桑·布什曼（Ethan Buchman）和杰·康创办了 Tendermint 公司，一起研究 Cosmos，以提高区块链的互操作性。Cosmos 不是单一的区块链，而是多链并行的，一个可扩展的基础和统一的代币协议可以贯穿所有协议。杰·康于 2020 年退出了该项目。Cosmos 的发展历程如下。

2017 年 4 月，在最初的 Cosmos 代币销售的前 29 分钟内筹集了 1,700 万美元。

2018 年 12 月，推出游戏 *Game of Stakes*，首次广泛测试 Cosmos 网络。

2019 年 3 月，Cosmos 官方主网启动。

2019 年 11 月，Kava 实验室成为使用 Cosmos SDK 构建的首批项目之一，以启动其主网。

2020 年 2 月，Cosmos 团队分裂，创始人杰·康辞去 CEO 一职。

2020 年 9 月，Cosmos 与 Nym 合作，为 Cosmos 生态系统带来匿名凭证。

2021 年 2 月，Cosmos 推出 Stargate，其中包括首次公开发布的跨链通信（IBC）协议。

Cosmos的优势

本质上，Cosmos 是一个开发工具包。使用这种工具包，开发者可以便利地发链和跨链。它包含三个组件：共识协议、SDK、IBC 协议。正如初创者所期望的那样，Cosmos 生态初创者希望打造一套区块链通用的开发框架并解决跨链问题，使得构建多链元宇宙成为可能。开发者可以借助这个框架实现一键发链。

Cosmos 的独特性及其作为区块链 3.0 版本的典型代表的优势如下。

（1）互操作性。Cosmos 协议广泛支持现在的主流公链，而不是像 EVM 或非 EVM 那样局限在自己的代码框架体系里，它是一种去中心化的交易中心。

（2）可扩展性。对于传统公链，每笔交易都需要高昂的 Gas 费，而且其每秒事务处理量（TPS）往往只能达到每秒数笔的规模，而 Cosmos 基于自身协议的前瞻性，每秒可以实现数千笔交易。Cosmos 的性能和可扩展性可以和主流交易网络媲美，如支付宝、银联、VISA 等。

Cosmos的技术实现

Cosmos Hub 是 Cosmos 生态的第一个区块链，是这个生态的中心。它的功能与你使用计算机共享可在任何操作系统上打开的文件的方式非常相似。虽然 Cosmos 旨在支持多种代币，但 Cosmos 的原生加密货币是 ATOM，它是 Cosmos Hub 背后的驱动力。ATOM 具有多种功能：

- 维护网络共识。
- 通过基于激励的验证节点进行质押。
- 减少垃圾邮件作为支付Gas费的媒介。
- 提供投票机制，通过Cosmos治理提案提出网络修正。

Cosmos Hub 由 Tendermint 核心团队构建，该团队是负责设计和构建 Cosmos 网络的主要组织。他们在构建 Cosmos Hub、Cosmos SDK 和 Tendermint Core 等关键网络基础设施方面发挥着关键作用，提供最先进的工具来帮助发挥 Cosmos 网络的全部潜力。Tendermint 团队将 Cosmos Hub 构建成一个可互操作的区块链平台，允许该协议与 Cosmos 网络中的独立区块链（称为区域）连接。

1. Tendermint Core BFT 共识机制

Tendermint 这个开源项目于 2014 年成立，主要目的是解决工作量证明（PoW）共识算法的速度慢、可扩展性差以及高能耗问题，这也是像比特币这种第一代区块链遇到的主要问题。其实早在 1988 年，麻省理工学院就已经开发出 BFT 算法，所以 Cosmos 的 Tendermint 主要是在已有的基础上提升，当然这也使得 Cosmos 的团队成为了首个在概念上论证了权益证明加密货币的团队，这种机制可以解决 NXT 和 BitShares 这些第一代权益证明加密货币面临的"无利害关系"的问题。

所有的第一代区块链钱包都需要服务器进行交易验证，这是因为 PoW 证明机制需要在交易被认定为无法逆转前进行多次确认，过少的确认量很容易引起黑客的双花攻击。

而 Tendermint 在机制上具有优势，它提供了即时、可证明安全的移动客户端支付验证方式。

因为，在设计上，Tendermint 是不允许分叉的，所以移动钱包就可以实时接收交易确认，从而在智能手机上真正实现去信任的支付方式。这一点也大大影响了物联网应用程序。

这种机制需要一个名为"验证人"的角色，类似于比特币矿工。这个角色并不是我们所理解的"自然人"，而是一种专门用来提交区块的安全机器。

想要成为验证人，必须持有大量的代币。验证人可以向非验证人租借代币，并承诺收益。但是如果验证人被黑客攻击或者违反协议规定，那么就会面临被惩罚（削减代币）的风险。

2. 可互操作的区块链世界

Tendermint Core BFT 共识机制、Cosmos IBC 协议和 Cosmos SDK 均旨在简化软件工程师构建自己的区块链协议作为 Cosmos 网络的一部分的方式。许多领先的区块链企业已经通过使用灵活且可互操作的框架创建了 Cosmos Network 的核心。

Cosmos Hub 本身是一个极其强大的去中心化区块链网络，其结构和治理允许网络参与者保持冷静——ATOM 作为一种质押机制来增强安全性、达成共识、提高运营效率。Cosmos 网络有助于解决对当今区块链技术施加基本限制的许多潜在的互操作性挑战。

你可以用ATOM做什么？

Cosmos 通过权益证明共识机制运行。这意味着 ATOM 持有者可以运行自己的验证节点或将他们的 ATOM 代币委托给验证节点，通过质押获得网络区块奖励和交易费用的一部分。

验证者质押或锁定他们的 ATOM 并运行专门的软件，该软件通过新区块和验证交易来维护 Cosmos 网络。

持有者可以选择将他们的 ATOM 代币委托给验证者，而不是自己运行验证者软件，这仍然允许他们获得一部分质押奖励。

Avalanche 链

Avalanche 链试图在不影响速度或去中心化的情况下提高可扩展性。三条区块链构成其核心平台：交易链（X-Chain）、合约链（C-Chain）和平台链（P-Chain）。X-Chain 用于创建和交易资产，C-Chain 用于创建智能合约，P-Chain 用于协调验证者和子网。

Avalanche 链最重要的突破之一是雪崩协议（Avalanche

Consensus），这是一种使用验证者重复的子抽样投票来快速达成共识的用户负担得起的方法。Avalanche 链还将子网作为一种新的水平扩展方法，允许创建可定制的、可互操作的区块链。子网数量没有限制。

Avalanche链概述

随着区块链技术的发展，它为可扩展性、互操作性和可用性等老问题提供了新的解决方案。Avalanche 链采用了一种独特的方法，在其主要平台中使用了三条独立的区块链。在其原生代币 AVAX 和多种共识机制的支持下，Avalanche 链被认为是"区块链行业中最快的智能合约平台"。其官网主页如图 2.3 所示。

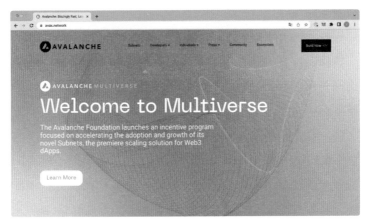

图 2.3　Avalanche 官网主页

Avalanche 链由位于纽约的团队 Ava Labs 于 2020 年 9 月推出。Ava Labs 筹集了近 3 亿美元的资金，Avalanche 基金会进行了总计 4800 万美元的私人和公共代币销售。Ava Labs 背后的三人创始团队由 Kevin Sekniqi、Maofan "Ted" Yin 和 Emin Gün Sirer 组成。

Avalanche 链的性能为 4,500 TPS，其定位为服务于企业的"去中心化金融平台"，为 C 端和 B 端提供可定制化的区块链服务。这一点可以在 Avalanche 链积极与大企业展开的合作中看出。因此，Avalanche 链有点像国内的蚂蚁链或联盟链，只不过后者采用私有链协议，但它们的市场定位类似。目前，Avalanche 链的市值排区块链世界的前十位。

Avalanche 链解决了什么问题?

Avalanche 链试图解决三个主要问题：可扩展性差、交易费用高和互操作性不佳。

1. 可扩展性差与去中心化弱

传统区块链一直在努力平衡可扩展性和去中心化。活动增加的网络可能会迅速堵塞。比特币就是一个很好的例子，因为在网络拥塞期间，交易有时需要数小时甚至数天的时间来完成。

解决这个问题的方法之一是让网络更加集中，让更少的人有更多的权限来验证网络活动，从而提高交易速度。然而，去中心化对区块链安全至关重要。新的区块链试图通过技术进步来解决这个问题，而 Avalanche 链创造了一种独特的方法，我们将在后文进行介绍。

2. 交易费用高

像以太坊这样的大型区块链的另一个常见问题是 Gas 费用较高，随着流量的增加，它可能会变得极高。但区块链的生态系统不太成熟，以太坊的流行和缺乏替代品导致了高流量和高费用。在某些时候，简单的转账成本也可能超过 10 美元，复杂的智能合约交互成本可能超过 100 美元。

3. 互操作性不佳

在区块链方面，不同的项目和企业有不同的需求。以前，项目必须使用以太坊、另一个不适合其需求的单独区块链或私有区块链来完成。在多个区块链之间的可定制性和合作之间找到平衡一直具有很大的挑战性。Avalanche 链提供带有子网的解决方案——共享主网络的安全性、速度和兼容性的自定义应用程序特定区块链。

Avalanche链如何工作？

Avalanche 链由三个主要的可互操作区块链组成：X-Chain、C-Chain 和 P-Chain。我们可以从图 2.4 中更加直观地了解其结构。

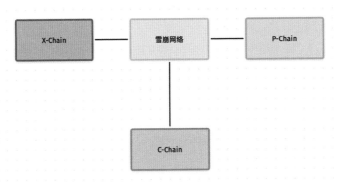

图 2.4　雪崩网络结构图

Avalanche 链的核心创新点在于它由三条区块链组成，而不是通常的一个。采用这种设计是为了让每条区块链都专注于更广泛的 Avalanche 生态系统中的某项任务，而不是让一条链完成所有任务。接下来详述它们的功能。

（1）交易链：通常称为 X 链，负责 AVAX 及其他数字资产的创建与交易。交易费通过 AVAX 支付，区块链使用 Avalanche 共识协议。

（2）合约链：通常称为 C 链，开发者可为 DApps 创建智能合约。该链实现了以太坊虚拟机（EVM）的一项实例，支持兼容 EVM 的 DApps。合约链使用 Snowman 共识协议，它是 Avalanche 共识协议的修订版。

（3）平台链：通常称为 P 链，协调网络验证者，跟踪子网活动，为创建子网提供支持。P 链同样使用 Snowman 共识协议。

三条链组合而成的 Avalanche 链相较于传统的 EVM 链或非 EVM 链有了更多的可能性。

由于每条区块链承担不同的角色，与仅在一条链上运行所有进程相比，Avalanche 链提高了交易速度和可扩展性。Avalanche 链的开发人员根据每条区块链的需求定制共识机制。用户需要 AVAX 来质押和支付网络费用，从而为生态系统提供共同的可用资产。

Avalanche 链的共识协议如何运作？

Avalanche 链的两个共识协议之间有相似之处。这种双重系统是网络提高可扩展性和交易速度的根本原因。

Avalanche 共识协议不需要领导者来达成共识，如 PoW、权益证明（PoS）或委托权益证明（DPoS）。该因素在不牺牲可扩展性的情况下提高了 Avalanche 网络的去中心化程度。相比之下，PoW、PoS 和 DPoS 最终让一个参与者处理交易，然后由其他参与者验证其工作。

Avalanche 链实现了有向无环图（DAG）优化共识协议。DAG 允许网络并行处理事务。验证器轮询其他验证器的样本以确定新交易是否有效。经过一定数量的这种重复的随机二次抽样，统计证明交易几乎是不可能出错的。

所有交易都立即完成，无须其他确认。运行验证器节点和验证交易对硬件的要求较低且易于访问，这有助于提高性能、去中心化程度和环境友好程度。

Snowman 共识协议建立在 Avalanche 共识协议之上，但对交易进行线性排序。在处理智能合约时，此属性是有益的。与 Avalanche 共识协议不同，Snowman 共识协议创建区块。

可定制的Avalanche链

Avalance 链允许个人和企业轻松部署自己的专用区块链，无论这些区块链是用于私人用例（许可区块链）还是公共用例（无许可区块链）。

它的独特之处在于它使用多个定制区块链的组合，以及强大的股权共识机制证明，以实现一个去中心化的强大的平台供开发人员构建。

由于与以太坊工具包兼容，开发人员可以创建代币、NFT 和 DApps。用户可以质押代币、验证交易并使用 400 多个

DApps，还可以在平台上轻松启动各种 DApps。这些应用程序可以在它们自己独立的 Avalanche 链上运行，使开发人员能够很好地控制它们的安全性和功能，以及谁可以访问它们。

根据支持者的说法，Avalanche 链的优势源于对这些功能的改进。作为一项额外功能，Avalanche 链还允许创建称为子网的可互操作的定制区块链。

使用高度可扩展子网的定制区块链非常适合大型企业的需求，许多企业已经构建了子网。这些自定义区块链的大型企业和小型独立运营商可以方便地与丰富生态系统中的其他人进行交互，并充分利用 Avalanche 主网络的安全性。

Avalanche 链拥有自己的与 EVM 兼容的 Avalanche 虚拟机（AVM）。熟悉以太坊 Solidity 编码语言的开发人员可以轻松使用 Avalanche 链并移植现有项目。

在相对较短的历史中，这些功能在 Avalanche 链上的开发活动猛增，现在使用 Avalanche 链技术的应用范围广泛，比如私人证券 Securitize、预测市场 Prosper 和土耳其里拉稳定币 BiLira。

Avalanche链与其他可扩展区块链有何不同？

这些问题和解决方案并非 Avalanche 链独有。Avalanche 链正在与以太坊、Polkadot 链、Polygon 链和 Solana 链等其他可扩展平台和可互操作的区块链竞争。那么，是什么让 Avalanche 链与其他替代品不同呢？

1.共识机制

最显著的差异可能就是雪崩共识。然而，Avalanche 链并不是唯一具有新颖共识机制的区块链。据称 Solana 链处理交易的速度高达 50,000 TPS，超过了 Avalanche 链声称的 6,500 TPS。然而，TPS 只是评估网络速度的指标之一，并不能说明区块的最终确定性。

2. 交易速度和最终确定

Avalanche 链与其他可扩展平台与可互操作的区块链的另一个显著差异是 Avalanche 链的终结时间不到 1 秒。这是什么意思？TPS 只是衡量网络速度的指标之一，我们还需要考虑确保交易完成且无法撤销或更改所需的时间。你可以在一秒钟内处理 100,000 笔交易，但如果最终确定交易时有延迟，网络速度仍然会变慢，而 Avalanche 声称拥有业内最快的完成时间。

3. 权力下放

Avalanche 链最大的主张之一是去中心化。考虑到它的规模和历史，它确实拥有大量验证者（截至 2022 年 4 月，验证者数量超过 1,300 个），部分原因在于其合理的最低要求。然而，随着 AVAX 价格的上涨，成为验证者的成本变得更高。

4. 可互操作的区块链

Avalanche 链的可互操作区块链的数量可能是无限的。它在这一点上与另一个提供定制和可互操作区块链的项目 Polkadot 链直接竞争。Polkadot 链在 Parachain Slots 拍卖中的拍卖空间有限，而 Avalanche 链则仅收取订阅费。

小结

随着 DeFi 平台开始寻找以太坊替代品，像 Avalanche 链这样的区块链因其 EVM 兼容性和低费用而具有吸引力，但是在可扩展性和网络速度方面，DeFi 平台已经有很多替代平台。

Avalanche 链自发布以来越来越受欢迎，每天的总交易量已经赶上了以太坊，但它是否能够与 Solana 链或 Polygon 链等其他区块链竞争还有待验证。

非 EVM 的代表——Solana 链

总体而言，加密货币标志着金融和技术全新时代的开始。加密行业通过引入点对点交易将传统金融服务中的中介移除。然而，比特币和以太币等流行的加密货币在可扩展性方面存在明显的局限性。为什么？因为它们采用了 PoW 证明机制。

因此，像 Solana 链这样的替代方案已经成为此类问题的可预期的解决方案。现在，你可能很想知道新的加密货币如何解决它的先驱无法解决的问题，接下来就让我们深入了解 Solana 链以及有关其工作的更多信息。以下讨论还将帮助你发现加密货币 SOL 引入的独特的新功能。Solana 官网主页如图 2.5 所示。

图 2.5　Solana 官网主页

什么是Solana链?

Solana 链为网络速度、安全性和抗审查性提供保证。基于
RUST 编程语言,Solana 链的原生加密货币 SOL 为保护所有交
易提供了强大的基础。此外,历史证明(PoH)机制的使用还
使其能够提供高度可扩展且高效的网络。

Solana 链是一个加密计算平台,旨在在不牺牲去中心化的
情况下实现高交易速度。它采用了一系列新颖的方法,包括历
史证明机制。其中 SOL 用于支付交易费用和质押。它还赋予持
有人在未来升级中投票的权利。

2021 年 8 月,SOL 的价格突然从月初的 30 美元左右飙升
至三周后的 75 美元左右,引起了主流对山寨币的关注。SOL
还得到了夏季最大的加密行业趋势之一的推动:推出以猿猴为
主题的 NFT 收藏品项目,即 Degenerate Ape Academy NFTs,
这是在 Solana 链上启动的第一个主要的 NFT 项目。

总而言之，与以太坊一样，Solana 链是一个运行加密应用程序的灵活平台——从 Degenerate Ape Academy NFTs 到 Serum 去中心化交易所。它的主要创新之处是高网络速度，通过一系列新技术，包括 PoH 机制，使它每秒可以处理大约 50,000 笔交易，而以太坊每秒仅可以处理 15 笔或更少的交易（进行的 ETH2 升级旨在提高以太坊的网络速度）。

由于 Solana 链速度如此之快，因此拥堵少，费用低。开发人员希望高速和低费用能使 Solana 链最终得以与 VISA 等集中支付处理器竞争。

Solana链的发展历史

Solana 链的设计定位是：成为比其他加密货币更好的区块链。阿纳托利·雅科文科（Anatoly Yakovenko）凭借其作为软件工程师在压缩算法方面积累的工作经验，于 2017 年建立了该网络。阿纳托利·雅科文科与埃里克·威廉斯（Eric Williams）和格雷格·菲茨杰拉德（Greg Fitzgerald）合作创建了一种新的加密交易流程，以解决比特币和以太坊的吞吐量问题。

新区块链平台的创始人旨在开发一种无须信任的分布式加密协议，以实现更好的可扩展性。截至目前，该团队已引入了大量来自苹果、谷歌、英特尔、Dropbox（免费网络文件同步工具——多宝箱）、微软、推特、高通等顶级组织的经验丰富的专业人士。此外，Solana 链已成功吸引了众多投资者，如 Multicoin Capital、Abstract Ventures、Foundation Capital、CMCC Global 等。

根据 CoinMarketCap 评估，截至目前，Solana 链的市值约为 307.9 亿美元。最重要的是，该代币的 24 小时交易量增长了 20.88%。它是全球性能最好的无许可区块链平台，拥有 200 个物理唯一节点。

是什么让Solana链与众不同？

Solana 链创始人旨在创建一个可以扩展到全球的全新区块链。过去区块链交易速度被限制在每秒 15 次左右，与 VISA 和万事达卡每秒处理大约 65,000 笔交易的能力相比，区块链的吞吐量相形见绌。阿纳托利和拉吉·戈卡尔试图打造一个能够满足全球需求的新区块链。Solana 链现在的理论峰值容量为每秒 65,000 笔交易，并且得益于其较高的网络速度和低廉的交易成本，它已成为当今使用率最高的区块链之一。像今天几乎所有的区块链系统一样，Solana 链很新，但并非没有争议。

由于 Solana 链在技术特性方面追求更快的处理速度，使得其天然地与去中心化金融游戏（GameFi）的需求不谋而合，所以它还有另外一个名字——游戏链。

Solana链是如何工作的？

Solana 协议的核心组件是 PoH 机制，该机制可以提供数字记录，确认网络上任何时间点都发生过什么事件。它可以呈现为一个加密时钟，为网络上的每笔交易提供时间戳，以及添加简单的数据结构。

历史证明，Solana 链的预共识时钟有助于网络就交易时间和顺序达成共识。借助历史证明，你可以获得适合公开验证的独特输出。因此，节点不必与整个网络协调工作，而是与共识时钟保持协调，因此大大减少了交易开销。

PoH 依赖于使用 BFT 算法的交易时间权益证明（PoS）共识机制，这是实用拜占庭容错（PBFT）协议的优化版本，而 Solana 链使用它来达成共识。BFT 利用 PoH 中同步时钟的优势，可以在不产生任何大量事务延迟或消息传递开销的情况下达成共识，保持网络安全和运行，并充当验证交易的附加工具。

此外，PoH 还可以被视为一种高频可验证延迟函数（VDF）。它是一种三重函数（设置、评估、验证），可以产生独特且可靠的输出。VDF 通过证明区块生产者已经等待足够长的时间，让网络继续前进来维持网络中的秩序。

Solana 网络的另一个亮点是网络上的块传播协议 —— Turbine。Turbine 支持更轻松地将数据传输到区块链节点，通过将数据分解成更小的数据包来实现高效的数据传输。因此，Solana 区块链可以轻松解决与带宽有关的问题，同时提高整体容量，以加快交易结算速度。

Solana 链平台设计中的另一个功能特性是湾流（Gulf Stream）。它实际上承担着将事务缓存转发到网络边缘的重要作用，因此验证者可以确保提前执行交易，同时减少确认时间。湾流还有助于更快地切换领导者，同时减少来自不同未确认交易池的验证者的内存压力。湾流协议负责确保每秒 50,000 笔交易。

海平面（Sea Level）也是 Solana 加密网络创新功能的一个

突出亮点。它实际上是一个超并行事务处理引擎，用于在各种
SSD 和 GPU 之间进行性能扩展。Solana 网络有着更高的运行
速度和效率，同时允许在同一状态区块链上进行并发交易。

Solana 网络中的管道（Pipeline）是用于优化验证的事务
处理单元。该过程涉及将输入数据流分配给不同的硬件组件。
因此，该机制可以支持在网络中的不同节点上更快地验证和复
制交易信息。

破云（Cloudbreak）是 Solana 链的横向扩展账户数据库。
它有助于在 Solana 网络上实现所需的可扩展性。Cloudbreak 基
本上是一种数据结构，是跨网络并发读写操作的理想选择。

存档器（Archivers）也是 Solana 加密网络的一项创新功能，
有许多有趣的使用方式，也可以将存档器用作分布式分类账存
储，你可以将数据从验证器下载到节点网络。节点或存档器是
轻量级的，并接受审计以确保数据完整。

Solana 链使用 256 位安全散列算法（SHA-256），这是一
组输出 256 位哈希值的专有加密函数。网络定期对数字和 SHA-
256 散列进行采样，根据中央处理单元中包含的散列集提供实
时数据。

Solana 验证器可以使用此哈希序列来记录在生成特定哈希
索引之前创建的特定数据。事务的时间戳是在插入此特定数据
后创建的。为了实现所宣称的高 TPS 和块创建时间，网络上的
所有节点都必须设有加密时钟来跟踪事件，而不是等待其他验
证者验证交易。

Solana链上运行哪些类型的应用程序?

与以太坊一样，Solana 链是一个可以与智能合约交互的计算平台。智能合约为广泛的应用程序提供支持，从 NFT 市场到 DeFi，从游戏到去中心化彩票。

截至 2021 年 8 月，最受欢迎的 Solana 应用程序是去中心化交易所（DEX）和借贷应用程序。Solana 链上的加密应用生态系统支持价值数十亿美元的资产。

Solana 链还可以支持稳定币和打包资产。截至 2021 年 8 月，Solana 链上已发行价值超过 7 亿美元的美元币（USDC）。（USDC 的推出是由 Coinbase 和 Circle 通过共同创立 CENTER Consortium 合作推动的。）

第 3 章
当公链"塞车"了——二层网络

在上一章中，我们提到公链的缺点是共识机制导致的升级慢和性能需求不断膨胀之间产生矛盾，这就直接导致了网络拥堵，以及居高不下的 Gas 费。

笔者曾亲眼看到，在以太坊上执行一笔交易需要花费约 2,000 美元，这是用户完全无法接受的。

以性能为例，以太坊的 TPS 为每秒 15 笔交易，而中心化网络 VISA 的处理速度可达到每秒 65,000 笔交易，这种巨大差距催生了二层网络的出现。

什么是二层网络？

二层网络是指构建在现有区块链系统之上的二级框架或协议，这些协议的主要目标是解决主要加密货币网络面临的交易速度低和扩展困难的问题。

例如，比特币和以太坊无法每秒处理数千笔交易，这肯定不利于它们的长期增长。在这些网络能够被更广泛地采用和运营之前，需要实现更高的吞吐量。

在这种情况下，"二层"是指针对区块链可扩展性问题提出的多种解决方案。二层解决方案的两个早期主要示例是比特币闪电网络（Lighthing Network）和以太坊等离子体（Plasma）。尽管受限于自身工作机制和特殊性，但这两种解决方案都在努力为区块链系统提供更高的吞吐量。

具体来说，闪电网络是基于状态通道的，状态通道基本上是附加通道，执行区块链操作并将其报告给主链。状态通道主要用作支付通道。此外，Plasma 框架由侧链组成，侧链本质上是排列成树状结构的小型区块链。

从更广泛的意义上讲，二层协议创建了一个二级框架，其中区块链交易和流程可以独立于第一层（主链）进行。基于这个原因，这些技术也被称为链下扩展解决方案。

使用链下扩展解决方案的主要优势在于主链的结构不需要进行任何变化，因为第二层网络是作为额外层添加的。因此，二层网络的解决方案有可能在不破坏网络安全性能的情况下实现高吞吐量。

换句话说，原来由主链执行的大部分工作可以转移到第二层去执行。因此，虽然安全性能仍然由主链（第一层网络）提供，但高吞吐量由第二层网络提供，网络整体每秒能够执行数百甚至数千笔交易。

以太坊二层解决方案

在介绍二层网络之前，首先介绍以下几种二层网络技术：

- 侧链（Sidechain）。
- 状态通道（Scate Channels）。
- 卷叠（Rollups）。

1. 侧链

顾名思义，侧链就是一条平行于主链（以太坊）的独立运行的链。侧链不依赖于主链的安全策略，有自己独立的安全策略，也可以这么理解：侧链通过牺牲一定的安全性使交易速度得以提升。

2. 状态通道

状态通道比侧链稍难理解，简单来说就是只记录出入该通道的某一瞬间的交易，如图 3.1 所示。

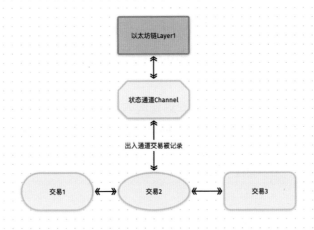

图 3.1　状态通道示意图

举例来说，去超市买东西时先把钱换成超市的积分卡，如
100元兑换成100积分。这样无论在超市买什么，最后结账的
时候都是在消费积分卡中的积分（这些消费行为也被记录下来），
并换回剩余的钱。这种方式的缺点是安全性不足，因为必须确
保该状态通道的运营者是可以信任的，否则投入资金就是不安
全的。

3. 卷叠

卷叠就是把一切复杂的交易都交给二层网络。可以把卷叠
理解成区块链的计算器，复杂的数据都由卷叠来处理，处理完
毕后只返回数据摘要（计算结果）。这样做的好处是在解决前
两个技术的信任问题的前提下，性能可得到大幅提升。但问题是，
当前以太坊并不能识别卷叠的状态，也就是说，仍然需要一次
共识机制的更新。

当前，卷叠这种方式已经被以太坊创始人以及多数社区所接受，所以也可以说它是势在必行的一种方式。目前有两个竞争的"卷积协议"——ZK 和 OP。下文将会对它们进行详细介绍。

ZK 解决方案

什么是 ZK-Rollups？ ZK-Rollups（Zero Knowledge Rollups，零知识汇总）通过侧链的集成，利用汇总的核心功能。一般来说，侧链允许一方向另一方证明交易是有效的，而不会泄露超出交易本身有效性的任何信息。在区块链交易的背景下，侧链可以减少一旦发布到主链后验证交易块所需的计算和存储资源。交易验证仍然是可能的，因为需要对数据进行零知识证明。换句话说，侧链已经验证了每笔交易，因此交易在主链上自动生效。更具体地说，ZK-Rollups 协议促进了交易者和中继者的交互。

（1）交易者创建并将其交易数据广播到网络。此信息包括索引的双方地址、交易价值、网络费用和仅使用一次的数字（nonce）。利用索引地址减少资源处理，交易价值产生存款和取款金额。然后，智能合约将地址记录到一个 Merkle 树，并将交易值记录到另一个 Merkle 树。

（2）中继器负责收集创建汇总的事务。中继器生成一个简洁的非交互零知识论证（ZK-SNARK）证明，用于比较每笔交易之前和之后的区块链状态（钱包余额）。由此产生的变化以可验证的方式散列并到达主链。看似任何人都可以充当中继者，实则不然，中继者必须首先将其加密货币放入智能合约中，以激励他们善意行事。

两大巨头的对决——StarkWare和zkSync

ZK-Rollups 支持同质化代币、非同质化代币（NFT）和 DApps 的各种功能。当前主要有两大组织在使用 ZK-Rollups 协议，分别是 StarkWare 与 zkSync。

StarkWare 团队成立于 2018 年 5 月，由世界级的密码学家和科学家组成，其核心成员是 Zcash 的前首席科学家，其多年来一直在零知识领域开拓创新。他们发布了许多学术论文，并正将其转化成现实产品 StarkNet。

另一个就是 zkSync，其团队 Matter Labs 成立于 2019 年 12 月，亚历克斯·格鲁乔夫斯基（Alex Gluchowshi）是其创始人。尽管无法找到更多关于其团队成员的信息，但 zkSync 2.0 带来的技术突破说明了一点：其团队有跨行业者的气质，并且办事效率极高。

1. 技术

在技术上，这两个项目都有一个类似的架构：会有一个 Rollups 智能合约插入以太坊区块链中，用来存储二层状态转换的 ZK 证明。此外，会有两种数据存储方式可选，为网络提供动力。

（1）证明者（prover）：负责繁重工作的少量节点。它们负责计算所有交易，并将其聚合成简洁的 ZK 证明。它们在专门的硬件上运行（可以认为是黑匣子）。从数学层面上来说它们无法伪造假的 ZK 证明。

（2）验证者（validator）：负责审查的大量节点。它们验证证明者所提交的证明的有效性。每个人都可以运行这类节点，且不需要特定的硬件。

此外，这两个项目都不得不面对一个主要的技术挑战，即创建一个通用的 ZK 证明系统。谁能提供一个最佳的解决方案，谁就是这个赛道中的王者。因为直到现在所有的 ZK 电路都是专用集成电路，即根据不同的应用实现不同的 ZK 电路。这意味着每个应用都有一个 ZK-Rollups，而且不兼容 EVM。目前，StarkWareLtd 和 zkSync 都创建了各自的 ZK 证明系统，但使用了不同的技术。

其中 StarkWare 使用基于 STARKs 证明的密码学技术。这项技术由 StarkWare 团队发明，与 SNARKs 证明（zkSync 使用的技术）相比有两个主要优势："STARKs"中的"T"指的是"transparent"（透明的），这意味着系统运行无须信任设置，生成 STARKs 证明的速度比 SNARKs 要快 10 倍。

2. 紧追的后来者——Aztec

Aztec 协议使用两个 ZK 程序进行编码：隐私电路和汇总电路。隐私电路确保单笔交易的准确性，且直接从用户硬件发送交易以保护隐私；汇总电路负责验证每批证明的准确性，目前设置为每批 128 个。卷叠电路还维护一个加密交易数据的数据库。虽然现在使用的所有 ZK-Rollups 证明都是由 Aztec 生成的，但该公司计划通过外包来分配这项服务计算给第三方。无论最终的服务提供商是谁，他们都只会看到加密的隐私证明输出，从而阻止了审查攻击，因为所有交易都将显示为随机数。

什么是 Optimistic Rollups？

虽然 ZK-Rollups 已经变得相当普遍，但许多项目也开始探索在区块链网络上使用 Optimistic Rollups（ORs，乐观汇总）。与 ZK-Rollups 一样，ORs 也是与以太坊主链并行运行的二层解决方案。然而，与 ZK-Rollups 不同的是，ORs 仅向主链发布最少的信息，仅在欺诈案件中生成证明，因此它们是趋于"Optimistic"（乐观的）。因此，ZK-Rollups 有时被称为"有效性证明"，而 ORs 被称为"欺诈证明"。就像 ZK-Rollups 中继器一样，几乎任何人都可以通过在 ORs 智能合约中锁定债券来成为聚合器。以下是整个过程的工作原理：

当用户将交易发送到链外 ORs 时，聚合器注册并提交欺诈证明。

聚合器在本地部署交易以生成新的智能合约。在计算出新的状态根（State Root）后，聚合器将交易和状态根发送回主链。

如果用户认为聚合器返回了欺诈状态根，包括无效交易，他们可以质疑聚合器。用户可以通过发布正确的状态根和验证它所需的 Merkle 证明来注册这一挑战。对于违规的聚合器，以及任何建立在无效区块之上的聚合器，其保证金被削减，这些收益将流向报告用户。

一旦识别出无效块并完成欺诈证明，二层链就会回滚，并在前一个非欺诈块处恢复。虽然有些人认为二层链 Optimistic（OP）可以提供更广泛的监督，但其他人指出了以下问题。

（1）无效状态：OP 允许存在无效的区块链状态。因此，在提交欺诈证明之前，可能会存在无效状态。

（2）安全性：由于其基于博弈论的模型，OP 可能更容易受到攻击。因为用户可以参与报告欺诈，所以有可能产生更多的不良后果。

（3）可扩展性：在某些情况下，随着交易规模的扩大，OP 可能需要更多的主链计算资源，从而导致更高的成本。

ORs的特点和应用

目前主要有两个团队，即 Opimism 和 Arbitrum 在研究 ORs。它们之间最大的区别在于欺诈证明机制的实现，即一笔交易执行后，如果状态引起争议该如何解决，要花费多少时间来解决。

Optimism

Optimism 通过使用先进的数据压缩技术将数据安置在另一个区块链上来加速以太坊交易并降低其成本。

Optimism 扩展方法的特殊之处在于它的名称：它使用 ORs，将多笔交易"汇总"成一笔交易，在另一个区块链上结算，并将收据反馈给以太坊主区块链。

ORs 是一种汇总类型，它"乐观"地假设汇总中的所有事务都是有效的。这可以节省大量时间，因为不必在提交单笔交易时直接证明其有效性。如果汇总被认为包含欺诈数据，汇总中的验证者有一周的时间来查询整个汇总。

Dune Analytics 的分析显示，Optimism 将以太坊交易费用（也称为 Gas 费）降低了 129 倍。它受到 Synthetix 和 Uniswap 等 DeFi 平台的支持。根据 Dune Analytics 的数据，截至 2022 年 3 月，Optimism 获得了约 7.4 亿美元的链上价值，低于 1 月份的 10 亿余美元。

Optimism 于 2019 年 6 月推出，测试网于 2019 年 10 月发布。直到 2021 年 1 月才推出 Alpha 主网，直到 2021 年 10 月 Optimism 才推出以太坊虚拟机。一个开放的主网于 2021 年 12 月启动。

1. Optimism 如何运作？

Optimism 基本上是一个大的仅附加交易列表。它的所有汇总块都存储在称为规范交易链的以太坊智能合约中。

除非用户将他们的交易直接提交到规范交易链，否则新块就是由定序器产生的。该定序器立即确认有效交易，然后在 Optimism 的第二层，也就是位于一层区块链（在本例中为以太坊）之上的区块链创建并执行区块。

这些块是"汇总"——以太坊交易的批次。定序器进一步压缩这些数据以减少交易的大小（从而节省资金），然后将交易数据提交回以太坊。

Optimism 的二层软件旨在尽可能模仿以太坊的代码。例如，它使用与以太坊相同的虚拟机，并以相同的方式收取 Gas 费（尽管费率较低，这要归功于 Optimism 的汇总解决方案）。

由于以太坊和 Optimism 在底层非常相似，因此你可以在两个网络之间发送任何 ERC-20 资产——一种符合通用以太币标准的加密货币。

2. Optimism 有什么特别之处？

Optimism 是试图解决以太坊状态膨胀问题的一种解决方案。以太坊网络很容易发生拥塞，需要升级网络来挽回局面。而像 Optimism 这样的扩展解决方案支持以太坊的去中心化金融业发展，并继续让那些无法负担其高额交易费用的人使用。Optimism 的官网主页如图 3.2 所示。

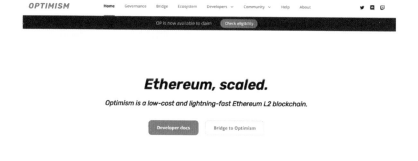

图 3.2　Optimism 官网主页

3. 如何使用 Optimism？

要使用 Optimism，你必须将 ETH 或 ERC-20 代币存入 Optimism 代币桥。这使你可以通过 Optimism 在以太坊上进行交易。交易完成后，你可以将代币转换回以太坊主网。

你必须通过 Optimism Gateway 存入你的代币。你可以通过 Web 3.0 钱包（例如 MetaMask）连接到网关。存款大约需要 20

分钟，MetaMask 以 18 美元的价格转移 1 ETH。

一旦你在 Optimism 上存入资金，你就可以在受支持的 DApps 中使用它们。例如，Uniswap 允许你通过 Optimism 进行交易以节省费用。你要做的就是从网络菜单中选择 Optimism，然后就可以正常交易了。

4. Optimism 的未来

Optimism 有充足的资金来推进其工作。2022 年 3 月，它完成了由 Andreessen Horowitz 和 Paradigm 领投的 1.5 亿美元 B 轮融资，这家初创公司的估值为 16.5 亿美元。Optimism 的发展路线图包括对 Optimism 协议的更新，如下一代故障证明、分片汇总和去中心化定序器等。其中，去中心化定序器是个大问题，虽然该项目尚处于测试阶段，但团队对定序器（负责在 Optimism 上创建块的技术）仍保持着一定程度的控制。

从历史上看，Optimism 比以太坊更加中心化——以太坊的开发人员不具备暂停区块链或将某些验证者列入白名单的能力。

然而，Optimism 在 2022 年 4 月向权力下放迈出了一大步，启动了一个名为 Optimism Collective 的 DAO（Decentralied Autonomous Organization，去中心化自治组织），为公共产品提供资金并管理协议。它还开始向 Optimism 用户和其他可以帮助推动 DAO 和 Optimism 去中心化的人空投新创建的 OP 代币。

什么是 Arbitrum 技术？

以太坊的交易费用危机阻碍了以太坊区块链的增长。Arbitrum 技术是解决以太坊网络拥塞和高费用问题的众多解决方案之一。

以太坊上的交易是通过智能合约实现和执行的，并且需要支付费用来奖励在他们的机器上存储此类可编程合约的网络参与者。

当用户数量增加并且需要网络处理更多交易时，交易费用会增加。此外，以太坊区块链中的所有矿工都必须模拟合约执行的每一步，不仅成本高昂，而且极大地限制了以太坊区块链可扩展性。以太坊区块链还要求每个合约的代码和数据都必须公开，除非用户自己付费来获取隐私覆盖功能。

Arbitrum 由 Offchain Labs 于 2021 年 8 月创建。该软件还为第一层安全网络配备了额外的隐私功能。该平台采用快速、高度可扩展且易于使用的 Abritrum 技术。尽管它是独立的，但它还将所有交易信息传递到以太坊主链。Arbitrum 技术解决了以太坊智能合约最突出的缺点——效率低下和执行成本高。采用该技术使得以太坊的执行速度从 14 TPS 提高到 40,000 TPS。而且用户在 Arbitrum 上的交易费用可以低至 4 美分，而以太坊的费用则以美元计。

Arbitrum如何运作？

Arbitrum 使用事务汇总技术在以太坊主链上批量记录提交的事务。这些交易随后在 Arbitrum 上执行，同时为以太坊分配任务以确保获得正确的结果。该过程对以太坊的优势在于它有助于减轻其大部分计算和存储负担。以太坊的这些限制一直在拖累实用区块链。另外，该技术还可以在以太坊链中启用基于第二层的稳健的新型 DApps。

根据 Arbitrum 开发人员的说法，用户和智能合约通过将任务放入收件箱来要求链执行任务。然后它处理这些任务，向其用户输出交易收据。该网络还使用定制技术来确定收件箱中任务的执行时间和成本。此外，Arbitrum 通过 ORs 技术处理以太坊交易。

Arbitrum 生态系统中的四个角色分别为验证者、虚拟机（VM）、密钥和管理器。Arbitrum 基于简单的加密货币设计，其中各方可以将智能合约实现为对合约规则进行编码的 VM，它是在 Arbitrum 虚拟机（AVM）架构上运行的程序。虚拟机的一组管理器由 VM 的设计者指定。基于 Arbitrum 协议，任何一个诚实的管理者都可以强制 VM 根据 VM 的代码运行。与 VM 的结果有利害关系的各方可以选择各自信任的人代表他们这样做或直接担任管理者。在实践中，许多合同的自然管理者集合将受到合理限制。与强制每个验证者复制每个 VM 的执行不同，VM 的状态可以通过依赖管理器以及大大降低验证者的成本来提升。验证者只需跟踪虚拟机状态的哈希值，而不是整个状态。

Arbiturm 鼓励管理人员就 VM 的工作达成带外协议，验证者将接受所有管理者支持的任何状态修改。如果有两个管理者不同意虚拟机要执行的任务，尽管有激励措施，验证者也会使用二等分技术将分歧减至仅执行一条指令，然后由一位管理者提供该指令的简单证明。此外，虚拟机和各方可以相互发送消息和货币。

当一位管理者发表有争议的言论而另一位管理者提出质疑时，二分协议就起作用了。两位管理者都将以货币存款的形式存入资金。当 DApps 在 Arbitrum 链上运行时，你可以选择验证者组来执行共识过程。这意味着，与以太坊（每个验证器都要跟踪网络中的所有应用程序）相比，在一个应用程序上工作的验证器不能与任何其他 Arbitrum 应用程序交互。这种本地化技术需要的节点之间的连接更少，从而可以更快地处理事务。

Arbitrum 上的项目

Arbitrum 上有哪些项目？Arbitrum 上最著名的项目包括 Sushiswap、Curve、Abracadabra、AnySwap 和 Synapse。此外，以太坊网络上最受欢迎的去中心化交易所之一的 Uniswap 对其治理代币持有者进行了民意调查，以了解他们是否希望将该平台移植到 Arbitrum One。最终他们选择了 Arbitrum 而不是 Optimism，然而 Uniswap 计划采用 Optimism 的第二层解决方案。不过，Optimism 的全面启动被推迟，使得 Arbitrum 处于领先地位。尽管如此，Uniswap 还是实施了 Optimism，因为治理投票不是最终目的。因此，平台合并 Arbitrum 可能需要更长的时间。

如图3.3所示，我们可以从官网看到Arbitrum最新的生态系统。

图 3.3　Arbitrum 生态一览

什么是Arbitrum桥?

用户可以使用 Arbitrum 桥将 ETH 和 ERC-20 代币转移到被称为"Arbitrum One"的第二层扩展解决方案。如果你想使用Arbitrum 发送交易，只需将其发送到 EthBridge 的收件箱合约之一。

相应地，发件箱合约接收来自 Arbitrum 的数据并将其添加到以太坊区块链以进行反向交互。由于 EthBridge 的所有输入和输出都是可公开验证的，因此以太坊可以识别和验证任何链下活动。

如何在 Arbitrum 上运行 DApps?

你需要Arbitrum编译器、EthBridge 和验证器以便在 Arbitrum上运行你的 DApps。所有这些软件程序都是开源的，可以在

Offchain Labs 的 Github 账号上获取。

首先，使用 Arbitrum 编译器编译你的 Solidity 合约，这就创建了 AVM。然后，选择一组验证器来跟踪你的 VM 的执行并确保它是正确的。

验证者可以是任何人，每个虚拟机构建者都可以选择自己的验证者。你也可以指定一些观察者来查看你的虚拟机在做什么，但他们不会像验证者那样负责保证准确性。

Arbitrum 提供 AnyTrust Guarantee，该保证表明，只要其中一个验证器在线并诚实运行，你的 VM 就会正确运行。准备就绪后，你调用 EthBridge 并指示它在 Arbitrum 上运行你的 VM 和识别 VM 的验证者。

在 Arbitrum 上，如果你的 VM 已经启动并运行，你的 DApps 的用户将能够使用他们的浏览器访问你现有的前端界面。通过与验证器的幕后消息传递，前端将自动与正在运行的 VM 通信。通过将资金存入你的 Arbitrum 钱包，你的用户可以调用 VM，向 VM 发送 ETH 或其他基于以太坊的代币。

Abritrum 和 Optimism 的比较

Abritrum 和 Optimism 是相似的，因为它们仅在识别出错误块时部署，而不是在每个事务中部署。两个网络上都存在跨链桥，允许代币在第一层和第二层网络之间流动。

交易不是经过一系列确认，而是在创建区块后确认，这导致网络具有低延迟和高吞吐量的优点。

早期的第一层网络（如以太坊和比特币）重视的是去中心

化和安全性，而不是可扩展性，这从两个平台上高额的 Gas 费用就可以看出，而 Arbitrum 旨在通过实现满足去中心化、安全性、可扩展性这三个要素的 ORs 来解决区块链的三难困境。

但是，以太坊社区认为，更长期的综合解决方案涉及 ZK-Rollups 的实施。作为最先进的二层网络平台，Arbitrum 有望继续顺应当前的技术趋势来扩展平台并促进自身扩展。

第4章
公链和公链之间的桥梁

4

在前面章节中我们了解到,随着越来越多的二层解决方案和公链的推出,各个网络之间由于流动性差导致的孤岛问题也越来越严重,随之引发了一种迫切的需求——在不同的网络中便捷地迁移资产。

此外,链的互操作性也是多链宇宙中必然要解决的问题之一。

什么是跨链桥？

跨链桥可以实现从一个区块链网络到另一个区块链网络的信息、加密货币或 NFT 的交换。它支持数据和代币在不同区块链上的孤立数据集之间流动。

比如，在现实世界，利用法定货币，个人和企业可以通过多种既定方式进行货币兑换，从而创建一个全球可用且可互操作的金融支付系统，其中包括处理外汇的金融机构和银行等。在区块链世界中，跨链桥的作用也是类似的，它是一个金融互操作系统。

在没有跨链桥的情况下，虽然可以跨不同区块链交换加密货币，但这项操作既成本高昂又耗时。在不使用跨链桥的情况下，用户必须首先将加密货币代币转换为法定货币，这通常会涉及交易成本。然后他们使用货币来获得另一种类型的加密货币，从而产生更多的费用，并花费一定的时间，在这期间也会有汇率的波动损失。

跨链桥让用户能够将一种加密货币换成另一种加密货币，而无须先将其转换为法定货币。跨链桥的转移功能也不仅限于加密货币的价值转移，一个有效的跨链桥还可以将智能合约和 NFT 从一个区块链环境中转移到另一个区块链环境中。

通过跨链桥转账有以下两种方法。

常见的方法是使用由跨链桥提供平台发行的打包代币。使用打包代币，来自特定区块链网络的一个代币的价值可以封装在另一个代币中。打包代币通常基于以太坊网络的 ERC-20 技术规范。例如，WBTC 就是一种用 ERC-20 以太坊智能合约封装的比特币代币。

另一种方法是使用流动资金池。借助流动资金池，跨链桥提供者持有各种代币的库存（池），其中一种代币可以兑换成另一种代币。跨链桥也可能成为黑客的攻击目标。2022 年 2 月，跨链桥接平台 Wormhole 被黑客攻击，攻击者窃取了 120,000 个打包的以太坊代币，估价为 3.2 亿美元。

跨链桥如何工作？

假设有两个区块链网络：链 A 和链 B。

在将代币从链 A 转移到链 B 时，可以设计桥接器将代币锁定在链 A 上，并在链 B 上铸造一个新的代币。在这种情况下，流通代币的总数保持不变，但在两条链上分配。如果链 A 持有 15 个代币，并将 5 个代币转移到链 B，链 A 仍然有 15 个代币（锁定 5 个代币），但链 B 会多出 5 个。

铸造代币的所有者可以随时赎回它们，他们可以从链 B 烧掉（或销毁）它们，并在链 A 上解锁（或释放）它们。由于链

A 一直拥有每个代币的锁定副本，其价值与链 A 市场价格保持一致。这种"锁定和铸造"和"燃烧和释放"的程序可以确保在两条链之间转移的代币数量和成本保持不变。

典型案例

跨链桥一般分为两类：基于信任的桥和去信任的桥。

基于信任的桥

基于信任的桥，也称为联邦或托管桥，是需要中间实体或中介联盟来运行的集中式桥。为了将一种货币转换成另一种加密货币，用户必须依靠联盟成员来验证和确认交易。

联邦桥在很大程度上通过激励联邦成员（手续费奖励等）来维持交易运行，成员并不专注于预防和识别欺诈。在转移大量加密货币时，基于信任的桥可能是一种快速且具有成本效益的选择。

去信任的桥

去信任的桥是去中心化的桥梁，它依赖机器算法（智能合约）来运行。这种类型的桥像真正的区块链一样工作，各个网络有助于交易验证。在转移加密货币时，去信任的桥可以为用户提供更多的安全性和更大的灵活性，下面我们来看一些区块链桥的例子。

1. Wormhole

对于最著名的加密货币——比特币，最常见的桥梁是使用包裹比特币（WBTC）。WBTC 有时被称为区块链桥，因为它使比特币成为 ERC-20 代币及许多其他区块链支持的代币规范。

虽然比特币广为人知，但比特币区块链并不具备基于以太坊的区块链基础的智能合约功能。智能合约支持 DeFi、DApps 和 NFT。希望在其他区块链网络中使用比特币的用户首先需要把比特币转换为 WBTC。这最初是由 BitGo 作为区块链桥运行的，并在 2022 年通过不断增长的合作伙伴网络得到广泛支持和使用。主页如图 4.1 所示。

图 4.1　Wormhole 官网主页

跨链桥提供商通常支持多种类型的区块链，具体因提供商而异。支持将智能合约、代币和 NFT 从以太坊主线引入不同的区块链网络是跨链桥最常用的功能之一。

在选择跨链桥时，用户应确保跨链桥支持他们希望桥接的特定区块链网络以及代币或 NFT。不同的网络也有不同的费用，这些费用可能不稳定且变化迅速。

Wormhole 使用智能合约锁定原始代币，将代币包装在目标区块链上的 Wormhole 铸造代币中。它支持的区块链网络基本包括目前主流的公链和二层网络，而它支持的加密货币代币有 USD Coin、Tether 等。

2. Plenty Bridge（原名 Wrap 协议）

Plenty Bridge 可用于在 Tezos 网络与以太坊、Polygon 和 BSC 之间传输 ERC-20 和 ERC-721 代币。Tezos 区块链使用被称为"面包师"（Bakers）的验证节点来实现其股权证明共识算法。

3. 雪崩桥

雪崩桥（Avalanche Bridge，AB）可用于在 Avalanche 权益证明区块链和以太坊之间转移资产。据称，AB 上的 Avalanche 交易仅需要几秒钟，而以太坊交易可能需要 15 分钟。

AnySwap—— MultiChain 的前身

MultiChain 是 Web 3.0 的终极路由器。它是为任意跨链互动而开发的基础设施。MultiChain 于 2020 年 7 月 20 日以 AnySwap 的形式诞生，旨在满足不同区块链相互通信的需求。

每个区块链都有自己提供的独特服务、自己的社区和开发生态系统。为了使虚拟货币行业满足用户支付的新需求，需要一种快速、安全、廉价且可靠的通道在区块链之间交换价值、数据和行使控制权。

MultiChain 开发的解决方案允许几乎所有的区块链进行交互操作。类似以太坊的区块链（例如 Binance Smart Chain）、以太坊的二层区块链（例如 Polygon）、平行链网络（例如 Polkadot 系统中的 Moonbeam）、比特币类型的链（例如莱特币）以及 Cosmos 链（例如 Terra），它们要么现在全部集成，要么正在集成。如图 4.2 所示，MultiChain 支持所有 ECDSA 和 EdDSA 加密链，几乎适用于所有可交互操作层。MultiChain 现在是跨链领域的领导者，拥有快速扩张的链家族（有 26 条），日交易量超过 1 亿美元，锁定的总价值超过 50 亿美元，每天有成千上万的用户，这些都证明了它的受欢迎程度和安全性。

图 4.2　MultiChain 支持的部分链

多链网络、流动性网络典型案例
——Celer Network

随着越来越多的公链出现，多链宇宙已成定局，那么在多链宇宙中，有没有一个产品来解决它们之间的跨链及聚合问题呢？答案是有的，而且不止一个。接下来让我们了解一下 Celer Network 这个有代表性的产品。

Celer Network

Celer Network 是一个互操作性平台，支持跨链资金转移和通用消息传递。CELR 是它的原生代币。当前的用例如下。

（1）质押。用户可以委托验证人质押 CELR 以参与网络共识，并获得 CELR 作为回报。

（2）网络费用。当网络同步、存储和签署消息时，SGN（State Guardian Network，状态守卫者网络）上的 CELR 质押者可以分享 SGN 捕获的价值。Celer 官网主页如图 4.3 所示。

该项目主要由以下几个部分构成。

SGN：建立在 Tendermint 之上的 PoS 区块链，以 CELR 作为权益资产，并提供一层区块链级别的安全性。

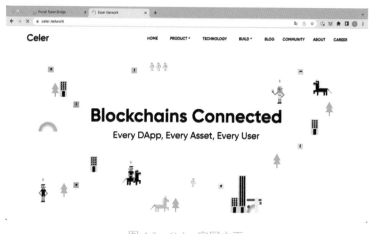

图 4.3 Celer 官网主页

Celer cBridge：一个跨链资产桥，支持以太坊、BNB、Polygon 等 20 多个网络。Celer cBridge SDK 允许新的和现有的应用程序集成 Celer cBridge 中可用的功能。

Layer2.Finance：一种新颖的解决方案，它像 DeFi 公共交通系统一样，允许人们以较低成本访问所有现有的 DeFi 协议。

Celer Inter-chain Message（IM）：一个支持通用消息传递和跨链函数调用的框架。开发人员可以使用 Celer IM SDK 构建跨链原生 DApps，以获得高效的流动性、连贯的应用程序逻辑和共享状态。

1. 什么是 Celr？

Celr 由麻省理工学院、普林斯顿大学、加州大学伯克利分校和伊利诺伊大学厄巴纳 - 香槟分校的四位博士创立，是一个支持跨链资金转移和通用消息传递的互操作性平台。

Celer 使任何人都可以使用 Celer IM SDK 轻松构建具有高

效流动性、连贯应用程序逻辑和共享状态的跨链原生 DApps，而支持 Celer 的 DApps 的用户可以享受多样化的多区块链生态系统带来的好处，以及单一交易用户体验的简单性，而无须跨多个区块链进行复杂的手动交互。

2. Celer 的重点产品

（1）Celer State Guardian Network

Celer State Guardian Network（SGN）是一个基于 Tendermint 的 PoS 区块链，用作不同区块链之间的消息路由器。

验证者节点质押 CELR 代币以加入 SGN 的共识过程。CELR 质押过程是 Celer 跨链消息框架和支持 Celer 的 DApps（如 Celer cBridge）的经济安全的关键部分。

要使用 SGN 的消息路由服务并存储多重签名证明，用户必须向 SGN 支付费用。这些使用费将分配给 CELR 质押者和验证者，用于奖励他们在常规 PoS 区块奖励之上保护网络的工作。

（2）Celer cBridge

Celer cBridge 是一个去中心化的非托管资产桥，它允许用户以快速、安全和低成本的方式在不同区块链之间转移各种代币。它目前支持跨 30 多个区块链和第二层汇总的 100 多个代币。cBridge 建立在 Celer 跨链消息框架之上，已在 30 多个区块链上为超过 140,000 个独立用户处理了超过 60 亿美元的跨链资产转移，并且正在快速增长，向更多的区块链和第二层网络扩展。

2021 年 7 月，cBridge v1.0 上线，支持以太坊、Arbitrum、Polygon 和 BNB 链之间的代币转移。资产转移是由节点运行者提供的流动性实现的。

2021 年 11 月，cBridge v2.0 在主网上启动，支持 80 多个代币与 20 多个区块链和汇总。资产转移在两种模型中实现，一种需要流动性，另一种通过规范映射。通过这两种模型，Celer 支持不同代币部署场景。

截至 2022 年 3 月，Celer cBridge 的总交易量已超过 53 亿美元，为超过 12 万个唯一用户地址提供服务。

（3）Celer 跨链消息框架

Celer 跨链消息框架（Celer IM）于 2022 年 1 月推出，支持跨不同区块链的通用消息传递和智能合约调用。借助 Celer IM，开发人员可以构建具有高效流动性、连贯应用逻辑和共享状态的链间原生 DApps。支持 Celer IM 的 DApps 的用户将享受多样化的多区块链生态系统带来的好处，以及单一交易用户体验的简单性。通过使跨链可组合性成为可能，Celer IM 框架为跨链 DEX、收益聚合器、NFT 市场、元宇宙游戏、NFT 桥等跨链原生应用程序开辟了应用场景。Celer IM 使用部署在与 SGN 配对的每条链上的智能合约，以实现无缝的多区块链互操作性。

要跨链发送消息或调用智能合约功能，用户或 DApps 需要首先将其意图转换为带有结构化标头和任意二进制有效负载的消息，发送到源链上的消息总线智能合约。

然后，验证者 SGN 就此类消息的存在达成共识，并生成权益加权的多重签名证明。

接下来，此证明通过订阅该消息的 Executor 中继到目的地。

在目标链上，存在相同的消息总线合约来检查消息的有效性，并立即或在超时后触发与消息关联的相应逻辑。

（4）Layer2.finance

Layer2.finance 于 2021 年 4 月推出，旨在解决妨碍 DeFi 大规模推行的两个重大问题：极高的交易费用；很难导航和使用。Layer2.finance 是一种新颖的解决方案，通过充当" DeFi 公共交通系统"，人们可以用极低的成本访问已有的所有 DeFi 协议。

3. 商业伙伴关系

Celer 已与 120 多个协议（截至 2022 年 3 月）建立了合作伙伴关系，为广泛的区块链、第二层汇总、DeFi 项目、GameFi 项目、NFT 市场等构建了互操作性基础设施。

整合跨链桥案例分析——Socket

Movr Networks 旨在通过连接所有区块链并实现资产和信息的无缝双向传输来统一多链生态系统。它充当元层，为协议提供跨链的无缝连接，并使开发人员能够构建具有跨链共享流动性和状态的统一应用程序。开发人员可以通过 API 访问 Socket 元层，并构建以互操作性为核心的应用程序。Movr Networks 现已更名为 Socket，它的核心产品 Bungee 是一款整合所有跨链桥的桥——跨链桥的搜索引擎，它可以检索现有已知的主流跨链桥，并为用户提供桥的最优选择。Socket 官网主页如图 4.4 所示。

图 4.4　Socket 官网主页

Bungee简介

作为跨链通信协议 Socket 推出的首款无缝跨链（层）桥聚合器，Bungee 所要做的事正是综合所有的跨链（层）桥，根据用户的实际需求进行匹配和推荐，从而实现最优的跨链（层）选择。

为什么要使用Bungee？

在多链世界中，资产桥成为链之间的"道路"或"路线"。用户可以选择多条路线从链 A 通到链 B。但是，每条路线都有不同的行程时间（过桥时间）、通行费（过桥成本）和燃料消耗（Gas 费）。

此外，由于每次的行程时间、通行费和燃料消耗都不同，因此很难找到最佳路线。例如，某些路线可能仅支持特定车辆（代币）；某些路线的通行费可能因车辆大小（代币数量）而有所差异；或者在某些路线上可能会有高流量，这会导致行程时间和燃料消耗增加。

Bungee 的愿景就是依托 Socket，将所有跨链桥、DEX 和 DEX 聚合器聚合在一起，并找到所有可用的路线，然后根据目的链上的最大输出、交易和转账的最低 Gas 费用、最少桥接时间等因素，帮助用户以最优途径在不同的区块链之间转移资金。

这里以官网提供的例子来进行说明，如图 4.5 所示，如果用户希望在 Arbitrum 上使用稳定币 DAI，但想要在 Polygon 上使用 ETH，那么用户可以使用多种方式（或路线）来实现。

图 4.5 具体含义

路线 1：DAI 通过 Arbitrum 上的 1Inch 到 ETH → ETH 从 Arbitrum 通过 Hop 到 Polygon。

路线 2：DAI 通过 Arbitrum 上的 Paraswap 到 ETH → ETH 从 Arbitrum 通过 Connext 到 Polygon。

路线 3：DAI 从 Arbitrum 通过 Hyphen 到 Optimism → DAI 到 ETH 通过 Uniswap on Optimism。

路线 4：DAI 从 Arbitrum 通过 Anyswap 到 Optimism → DAI 通过 Sushiswap 到 ETH。

Bungee 将所有桥接器、DEX 和 DEX 聚合器聚合在一起，以便用户轻松地通过链转移资金，如图 4.6 所示。

图 4.6　具体含义

　　使用 Bungee 的另一个好处是，从它的产品开发计划来看，为了使跨链移动更具成本效益，Bungee 很快会在它的架构中引入点对点结算层，以实现无成本的跨链交换。假设用户 A 想要将 100 DAI 从 Optimism 转移到 Arbitrum，用户 B 想要将 50 DAI 从 Arbitrum 转移到 Optimism，Bungee 将相互结算 DAI，仅将剩余的 50 DAI 从 Optimism 转移到 Arbitrum。从图 4.7 中我们可以看到 Bungee 支持很多主流的协议和桥。

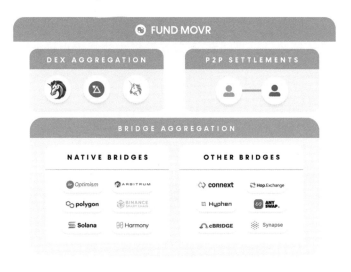

图 4.7　Bungee 支持的桥

对于开发者提供支持

最后简单介绍一下桥接器对于第三方开发者的支持。随着 DApps 和用户跨多个链进行交易现象的增加，桥接已成为用户跨链旅程的重要组成部分。因此，DApps 和开发人员希望使用桥接器构建自己的用例，为用户提供顺畅的用户体验，而 FundMovr 可以让开发人员轻松地做到这一点。

一些用例开发人员可以做到以下两点。

（1）构建应用内桥接。应用程序可以将 FundMovr 集成到其用户界面中，以允许其用户在不离开应用程序界面的情况下进行桥接。开发人员可以通过一次集成支持所有桥接器，而应用程序用户可以获得最有效的资金桥接方式。

（2）轻松迁移头寸。Aave、Instadapp 等应用程序可以轻松迁移来自不同链的用户质押头寸，例如通过在 FundMovr 之上构建智能合约，即可经济高效地将头寸从 Polygon 迁移到 Arbitrum。

Web 2.0 的网络是中心化的，数据掌握在服务提供商手中，不论我们在网络上发布什么信息，数据内容实际上都是属于那些服务提供商的。很多时候，中心化网络提供商会利用大数据和用户创建的内容，反过来"操纵"用户的喜好。这使得用户并不能客观理性地看待和利用信息。

同理，在数据经济驱动的中心化网络中，数据存储也遵循一原则。产自用户的数据基本都会被中心化公司统一存储和利用，而且对于有客观存储需求的用户来说，其还需要向服务提供商支付不菲的存储费用。

去中心化网络与中心化网络的存储方式不同。去中心化网络是把数据分布到多个网络节点，基于智能合约来存储客户数据，提供点对点的分发服务，可就近存储、就近传播和分发信息。由于没有集中式网络的运行成本，分散的数据存储不仅可以提高存储效率，还可以降低存储成本。值得注意的是，现在很多中心化的企业也模仿去中心化的存储方式，采用分布式节点进行存储，所以，去中心化网络存储的辨别方法已经由依据存储方式转变为依据谁掌握数据，即去中心化网络是用户掌握自己的数据，中心化网络则由服务提供商掌握数据。

除了前文提到的降本增效，与传统的云存储供应商相比，去中心化存储有许多安全优势，它将存储的数据分割成小块，将其加密后分散存储在节点上并由用户掌握私钥，这使得托管用户文件的工作站无法查看它们，隐私性更强。

另外，整个系统是容错的，单个节点被破坏并不会使整个系统崩溃，通过冗余地存储文件，丢失的数据可以轻易地恢复。

为什么用户会主动成为存储者呢？这就需要区块链的积分经济激励机制发挥作用了。在去中心化存储网络中，它通过设置合理的价值分配，使得更多的使用者愿意贡献自己的闲置资源，从而提高了整个市场的存储能力。对于用户而言，他为存储网络贡献了价值，存储生态会相应地回馈他积分，形成正向激励。

去中心化存储和 Web 3.0 的关系

在 5G、AI、物联网、元宇宙等技术的驱动下，数据经济正在以不可阻挡的势头到来。出于数据溯源、确定、存证、确权、协作及交易等需求，分布式存储将结合众多技术构建数字经济的底层存储基础设施。不同于现有的大部分互联网企业使用的中心化存储网络，由区块链支撑、积分经济激励机制搭建的数字经济分布式存储网络将会是没有边界的去中心化网络，以符合数据本身的特点和满足数据经济活动的需求。

这样的去中心存储网络不是由某个或某几个服务提供商构建的，普通用户、数据生产者或任何一台计算机都能成为其节点，完成去中心化存储网络的建设和运营。这样的网络无须许可，节点可任意加入，即便数据经济和存储规模扩大也能满足数据存储网络的拓展需求。换句话说，在数据经济时代，每一位用户或数据生产者都会在某个时间点成为该网络的节点，在这个网络中进行数据存储和经济活动，同时提供存储算力，并为这个存储大账本记账。

当数据经济发展到一定程度，人们都广泛并深度地参与其中时，几乎每个人都会或多或少地参与到数据存储的活动中，开启全民存储时代。

总的来说，去中心化存储和 Web 3.0 的关系是相辅相成的，去中心化存储是承接 Web 3.0 数据经济时代的存储需求的载体，并以完全不同于 Web 2.0 的"玩法"调动更多闲置资源，以就近取材、就近存储、完全去中心化实现数据的分发和存储，并在这场革命中获得可见的资源转化。这种将价值归属于价值创造者的去中心化存储新方式，已然是 Web 3.0 时代进程中的必选项。

去中心化存储协议之 IPFS

星际文件系统（Inter Planetary File System，IPFS）是由 ProtocolLabs 创建的点对点文件共享系统。IPFS 用于存储和访问文件、网站、应用程序和数据，使用内容寻址来识别连接所有计算设备的全局命名空间中的每个文件。

IPFS 允许用户通过对等文件共享以分散的方式托管和接收内容。这意味着用户操作员拥有一部分整体数据，从而创建了一个强大的文件存储和共享系统。

网络中的任何用户都可以简单地通过文件的内容地址来提供文件，而其他用户可以使用分布式哈希表（DHT）定位并请求任何拥有该内容的人。

因此，IPFS 不是通过位置，而是通过文件内容来进行文件寻址的。为了识别某些内容，IPFS 使用该内容的加密哈希值，并且哈希值是唯一的。实际上，IPFS 旨在创建单一的全球网络。

例如，用户 A 和用户 B 发布具有相同哈希值的数据块，则从用户 A 处下载内容的用户将与从用户 B 处下载内容的用户交换数据。

IPFS 是如何工作的？

通常情况下，当我们在浏览器中搜索网址时，计算机会向另一台计算机请求我们所要访问的特定页面。但是，这不是我们检索该页面的唯一方法，如果该页面的镜像存储在 IPFS 上，我们就可以直接访问它。

因为我们的计算机不是向单台计算机请求页面，而是使用 IPFS 请求世界各地的多台计算机与我们共享页面。这就意味着我们可以从世界各地也在 IPFS 上使用该页面的任何人那里获得请求的页面，而不仅仅是一台计算机。

另外，当我们使用 IPFS 时，我们不仅仅是从其他人那里下载文件，我们的计算机也能帮助分发它们。这适用于计算机能存储的任何类型的文件，无论是网页、文档、电子邮件还是数据库记录。

总的来说，IPFS 有以下四个主要组件。

1. 分布式哈希表（DHT）

DHT 是一种数据结构，这种数据结构可以将键映射到值。DHT 使用散列函数来计算索引（也称为散列码），用户可以从中找到所需的值。这意味着数据分布在计算机网络中并进行协调，以实现节点之间的高效访问和查找。

DHT 的优势包括去中心化程度高、容错性能和可扩展性高。

DHT 可以通过扩展容纳大量节点，当某个节点出现故障或离开网络，系统仍将正常运行。

2.BitTorrent

BitTorrent 是一种流行的文件共享系统，它能够通过数据交换协议来协调无数节点之间的数据传输，但它仅适用于 Torrent 生态系统。

IPFS 提供该协议的通用性更好的版本，称为 BitSwap。

3. Merkle DAG

Merkle DAG 是 Merkle 树和有向无环图（DAG）的组合。Merkle 树负责确保在 P2P 网络上交换的数据块是正确的，并且绝对不会改变。

验证是使用加密散列函数组织数据块来完成的，该函数接受输入并计算与该输入对应的唯一散列，以确保产生的散列很简单，但很难通过散列猜测输入。

DAG 是一种对没有环的拓扑信息序列进行建模的方法。家谱是 DAG 的基本表示。Merkle DAG 本质上是一种数据结构，其中哈希值用于引用数据块和对象。IPFS 的主要原理是在广义 Merkle DAG 上对所有数据进行建模。

4. 自认证文件系统（SFS）

自认证文件系统是一种分布式文件系统，不需要特殊权限即可交换数据。提供给用户的数据仅通过文件名进行身份验证，该文件名由服务器签名。这意味着，用户可以通过本地存储的透明性安全地访问远程内容。

去中心化的IPFS

去中心化的 IPFS 有一个主要目标：可以从不由一个组织管理的多个位置下载一个文件。当然，这有很多好处，具体如下。

（1）支持强大的互联网。如果有人决定攻击正在使用的特定 Web 服务器，或者服务器碰巧崩溃，你仍然可以从其他人那里检索相同的网页信息。

（2）增加审查内容的难度。由于 IPFS 上的文件可能来自多个位置，因此很难审查文件内容。

讨论 IPFS 时有很多复杂的术语和技术，但重点是 IPFS 旨在改变人与计算机的网络通信方式。Web 2.0 以所有权和访问权为基础，这意味着拥有文件的人就是为你提供文件的人。

然而，IPFS 这一结构的核心理念是拥有和参与，这意味着多个人拥有彼此的文件，并且通过参与使用文件、分发文件。

使用 IPFS 存储 NFT元数据的最佳实践

什么是 NFT 元数据？NFT 元数据是存储在区块链上的合约中描述的内容。考虑到很难更改 NFT 的元数据及其存储位置，我们需要考虑如何存储 NFT 的数据。

在存储 NFT 的元数据时，数据仅与存储数据的服务器一样，这意味着如果服务器崩溃，你将丢失所有与 NFT 相关的元数据。

IPFS 允许用户基于 CID（加密哈希）存储和检索内容，你可以将 IPFS CID 放入 NFT 中，以便引用数据本身而不是传统的网址——网址可能会随着时间的推移而丢失。这意味着只要

IPFS 网络上存在一份 CID 副本，你就可以访问它。

将 NFT 的元数据存储在 IPFS 上，目的不是为它提供永久存储，而是防止发生网址链接失效。但是，它并不能完全解决链下数据的存储问题。

如果你正在考虑在 IPFS 上存储或铸造 NFT 的元数据，NFT.Storage 和 Pinata 是不错的选择。

要想了解有关使用 IPFS 存储 NFT 元数据的最佳实践的更多信息，可以访问其官网，这里不再赘述。

你可以用 IPFS 做什么？

使用 IPFS，你可以做很多事情，例如开发应用程序、共享文件或出售它的副本，协作处理书面文件、版本控制、交换信息和存储资产等。

如果 IPFS 成功得到广泛推行，它将为互联网的未来发展提供坚实的基础。网络未来的目标是实现透明、安全和分布式的网络，使其成为不受一个主要实体控制的网络，IPFS 可以帮助它实现这一目标。

去中心化存储协议之 Arweave

毫不夸张地说，如果没有互联网，今天的世界会是什么样子是不可想象的。由于这项突破性的技术发明，世界各地的人们可以通过点击按钮或触摸屏幕实现信息访问。正如之前提到的，一些集中式组织管理着大部分的网络信息。事实上，全球的科技公司和政府拥有巨大的力量来影响我们在万维网（Web 2.0）上所看到、听到和所做的事情。

区块链的出现扭转了这种局面，并推动了去中心化的进程，其中包括信息的存储。然而，大多数区块链依赖于外部协议，因为链上存储成本高昂，因此不适用于存储大量数据。

为了解决以上问题，我们将讨论加密项目 Arweave——一种允许以去中心化的方式永久存储数据的创新协议。

什么是 Arweave?

Arweave 总部位于伦敦，是由山姆·威廉斯（Sam Williams）和威廉·琼斯（William Jones）于 2017 年 7 月创立的新一代去中心化存储网络。Arweave 可以看作使用区块链来安全、永久地存储全球信息的去中心化协议。它的使命是最大限度地减少对开发人员的限制，同时为整个互联网营造一个长期的愿景。Arweave 官网主页如图 5.1 所示。

用户互联网上发布的数据每天都会丢失，这是由多种原因造成的。我们目前使用的存储方式很容易受到黑客攻击，由于用户的疏忽，在网络上发布的数据也可能会随着时间的推移而丢失。

造成互联网上数据丢失的一个主要原因是链接断开。对于许多网站，链接通常是用户查找网站内信息的唯一方式。一旦链接被破坏，相关网站就无法访问——任何搜索引擎都找不到。正因如此，网站上的所有数据都有永远丢失的风险。

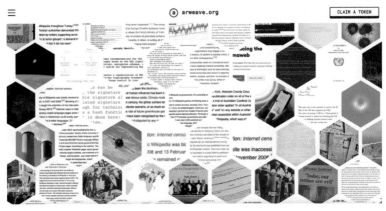

图 5.1　Arweave 官网主页

使用 Arweave 可以完全解决互联网上的数据丢失或被操纵的问题。Arweave 团队开发的创新区块编织协议为链上存储提供了一种廉价、可扩展的解决方案,用户可以在网站上永久存档信息。

Arweave 的 P2P 协议允许在硬盘驱动器中拥有大存储空间的各种用户(节点)连接到 Arweave 网络,并为他人存储数据,然后 AR 网络会奖励这些节点。随着存储在特定系统中的数据的增加,共识所需的"散列量"减少,从而产生更具成本效益的数据存储。

除了存储之外,Arweave 网络对于希望创建更高效的 DApps 的开发人员来说也是一个很好的平台。该网络灵活的 API 允许程序员在 Blockweave 上无缝构建 DApps。迄今为止,Arweave 区块链上已经构建了 300 多个正常运行的 DApps。

Arweave 是如何工作的?

通过查看所涉及的两个层,可以更好地理解 Arweave 协议的工作原理:Blockweave 和 PermaWeb。

不同于构建许多加密货币的典型区块链,除了存储交易信息外,Blockweave 还存储每个区块的数据信息。

与其他区块链一样,Blockweave 上的每个块都引用其前一个块。然而,在 Blockweave 上,前一个块被附加到一个随机选择的块上,即召回块。

Arweave 协议通过部署一种名为 SPoRA 的全新共识机制(一种访问证明)来启用此架构。这种共识机制奖励网络中的参与节点存储 Arweave 的所有交易历史。假设你想管理 Arweave 区块链上的一个节点,如要获得区块奖励,你必须向 Blockweave 证明你可以完全访问前一个区块中的数据,以及一些随机选择的召回块。

如果你无权访问召回块,Blockweave 将知道你没有将所有交易数据存储在 Arweave 区块链上,因此将拒绝你获得任何区块奖励。这是为了鼓励节点参与者存储尽可能多的数据,尽管他们不必这样做——他们不可能知道系统需要哪个先前的数据块才能获得块奖励。

Arweave 网络中的另一个主要组件是 PermaWeb,这是一种建立在 Arweave 区块链之上的去中心化网络,是存储所有 Arweave DApps 的地方。可以使用看起来像普通网站的多个网关访问这些 DApps。此外,Arweave 协议使用 HTTP,使

PermaWeb 能够与万维网交互。

Arweave 的主要特点

1. 使用方便

Arweave 网络的运作看似复杂，但所有技术细节都属于后端操作，网络的前端则被简化以尽可能提供最佳的用户体验。在 Arweave 区块链上存储网站就像通过 Arweave 的浏览器扩展程序在浏览器上创建书签一样简单，使用此扩展程序保存的页面可以由去中心化网络中的其他用户查看和共享。

2. 不变性

我们之前提到，存储在 Arweave 上的数据是永久性的，不能被篡改。Arweave 上的应用程序也是永久性的，其规则不能修改或更新，即使是应用程序的创建者也是如此。

3. 以用户和开发人员为中心的精神

由于应用程序无法修改或更新，Arweave 协议奖励开发人员，并鼓励他们提高所构建的应用程序的质量。它还推动开发人员建立和参与使用其 DApp 的社区，因为这有助于顺利迁移其 DApp 的修改版本。

Arweave 的优缺点

首先，我们来看 Arweave 的优点。数据是机器学习和人工智能等先进技术的关键组成部分，是 21 世纪的王者。Arweave 协议是一种强大的区块链网络，它可能会彻底改变在线存储和数据管理的工作方式。

Arweave 区块链每秒能够处理超过 5,000 笔交易。考虑到其所涉及的复杂共识机制，这是一项了不起的壮举。

AR 代币在 Arweave 的生态系统中具有巨大的效用，有着相当稳定的历史价格走势。AR 持有者将从 Arweave 提供的去中心化存储服务中受益匪浅。

Arweave 与 Solana 是合作伙伴关系，这种关系增加了 Arweave 项目的可信度。

我们再来看一下 Arweave 的缺点。在解决全球市场问题时，人们对解决可扩展性问题的协议持怀疑态度。如果 Arweave 未能解决与可扩展性相关的问题，该项目可能会陷入低迷，导致 AR 市值大幅下跌。

毫无疑问，Arweave 的创新技术非常高超，我们比以往任何时候都更需要它。然而，这可能成为其潜在的缺点，因为该项目可能会吸引竞争对手，例如竞争对手可以基于 Arweave 网络提出性能更好、更加可行的解决方案。

去中心化计算机——ICP 协议

截至 2022 年 1 月 5 日，ICP 的性能评估显示它每秒可执行多达 11,500 笔交易，此外，ICP 在 2 秒内运行更新，在 200 毫秒内运行查询。相比之下，比特币需要 40 分钟，以太坊需要 15 分钟，而 Solana 链需要 16 秒来执行类似的任务。就性能而言，ICP 是无法比拟的。那么它到底有多快？ICP 如何将其竞争对手抛诸脑后？参见图 5.2。

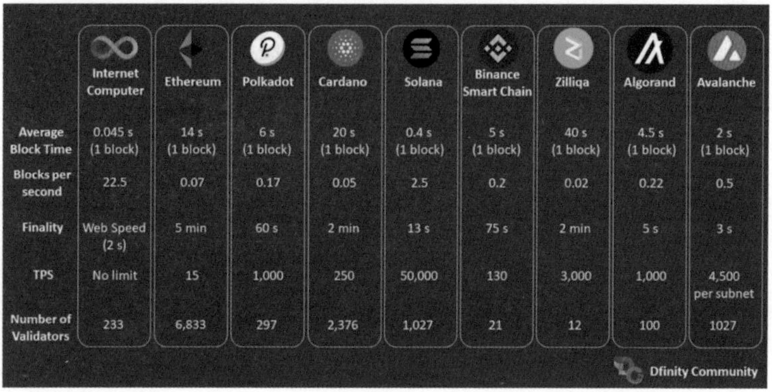

	Internet Computer	Ethereum	Polkadot	Cardano	Solana	Binance Smart Chain	Zilliqa	Algorand	Avalanche
Average Block Time	0.045 s (1 block)	14 s (1 block)	6 s (1 block)	20 s (1 block)	0.4 s (1 block)	5 s (1 block)	40 s (1 block)	4.5 s (1 block)	2 s (1 block)
Blocks per second	22.5	0.07	0.17	0.05	2.5	0.2	0.02	0.22	0.5
Finality	Web Speed (2 s)	5 min	60 s	2 min	13 s	75 s	2 min	5 s	3 s
TPS	No limit	15	1,000	250	50,000	130	3,000	1,000	4,500 per subnet
Number of Validators	233	6,833	297	2,376	1,027	21	12	100	1027

Dfinity Community

图 5.2　ICP 项目计划书中 ICP 与其竞争对手的对比

什么是ICP?

曾经有人说，比特币是新时代的数字黄金，而以太坊则是金融行业具有革命性的存在，它使得区块链金融用例得以普及，并且提出了 DApps（运行在区块链上的 App）的概念。如今，ICP 在前二者的基础上扩展，预示着区块链技术再一次重大创新的到来。如果 ICP 的概念和设计能够得到大规模的普及，所有的公共互联网用户都将能享受到区块链技术所带来的真正的隐私以及安全感。

简单地说，ICP 是未来去中心化互联网（Web 3.0）的代表性产品。DFINITY 基金会的魅力领袖兼发言人多米尼克·威廉斯（Dominic Williams）称其为"将改变一切的范式级别的转变"。

更具体地说，ICP 是一种完善的区块链开发方案的聚合，它使在线开发人员能够不再依赖商业云服务、数据库服务器、

Web 服务器、DNS 服务、防火墙以及大型科技企业的专有应用程序编程接口（API）服务。相反，开发人员使用 ICP 就可以自由地构建和部署安全、自主和防篡改的计算单元，这种计算单元类似于 Docker（一个开源的应用容器引擎），它几乎可以完成任何事情，它能发挥作用的地方包括泛行业平台、DeFi 和智能合约、企业系统和传统网站等。

ICP 容器的技术细节很复杂，但关键的一点是 ICP 容器是基于智能合约演变来的，它以分布式、复制的方式运行软件，同时还能捕获该软件程序状态的完整历史。用户通过互联网身份（Internet Identity）与这些容器进行交互，这是一种匿名区块链身份验证框架，将在线活动与物理技术设备（例如智能手机或笔记本电脑）相关联。

以下五点将说明为什么 ICP 很重要。

（1）首先，ICP 作为一种区块链技术的升级版本，仍然具有民主精神，参与者能够通过质押 ICP 投票并决定 ICP 的未来。相比之下，今天的互联网（Web 2.0）是被大型科技公司监管的专有网络和服务的混合体。事实上，亚马逊、谷歌、脸书和微软等公司控制着大多数应用程序生态系统和秩序，拥有并维护着万维网物理基础设施的很大一部分。不用说，由于大型科技公司对当今互联网具有极大的掌控力，并且权力过度集中，互联网滋生了很多腐败问题和用户隐私信息滥用问题。更糟糕的是，如今 Web 2.0 的产业已经形成了稳定的格局和垄断的体系，这必然导致后来者难以发展，从而导致整个互联网科技的发展停滞。为了帮助推进科技创新，总部位于日内瓦的独立成员组织 ICA 将倡导 ICP 并协调生态系统参与者。用户的需求和价值观将推动 ICP 发展，而不是大型科技企业的底线。

（2）ICP 的设计初衷是保护用户的数字身份，防止其被广告商、黑客和其他恶意软件滥用。技术上，ICP 通过消除用户的互联网身份来实现这种匿名性。它通过区块链身份验证框架确保用户拥有自己的数据，这些数据由区块链备份，并且只有持有对应备份的私钥的用户本人才能访问。如果用户的任何物理设备遭到入侵，用户可以使用存储在安全位置的助记词快速恢复其互联网身份。

（3）ICP 在分散的、集成的生态系统中重新构建了智能合约和软件，同步服务可以最好地满足用户的需求。ICP 实际上超越了智能合约，具有惊人的能力。具体来说这体现在可互操作的计算单元，这可以防止外部篡改，并可跨平台和编程语言工作。由于 ICP 的新特性，它取代了传统互联网所依赖的数据库、Web 服务器、DNS 服务和防火墙等。据 ICP 官方宣称，很快有一天，用户将能够在 ICP 的区块链上做任何事情，就像在现在的 Web 2.0 上一样。由于在 ICP 上发行 NFT 的成本几乎为零，ICP 交易、集体和个人知识产权所有权将易于跟踪和验证且防篡改。例如，如果有人窃取了受版权保护的图像并将其重新发布，其欺诈行为在 ICP 上将被立即发现。只有拥有该图像或有权使用它的互联网身份才会与该图像的 NFT 相关联。

（4）ICP 提出了一种新的价值模型，它通过将加密货币与法定货币的效用标记化相关联来补充比特币，而不会存在集中管理的弱点。单凭比特币是无法击败法定货币的，因为它以数字方式复制了黄金的价值模型，使其具有稀缺性，因此比特币目前只有依靠普遍共识才有价值。ICP 在模型上是比特币的升级版本，具有直接标记实用程序的优势，而没有法定货币集中管理的劣势。ICP 允许使用网络神经系统（NNS）参与网络治理，并且可以重新启动以运行分散的应用程序，这些应用程序不依赖于政府或大型互联网公司（如谷歌、脸书和亚马逊）。

ICP 承诺将与比特币进行深度绑定，并和比特币的价值一同成长。最近的提案将 ICP 与比特币相结合，这将首次允许智能合约直接在比特币余额上运行。因此 ICP 的目的不是打败以太坊和比特币，而是准备与现有的加密代币和 Web 3.0 结构建立共生关系，以连接和授权它们。有人可能会说 ICP 是以太坊的救星。事实上，ICP 已将自己定位为未来的去中心化互联网，目标是在十年内创建一个新的开放互联网。因此，ICP 具有创造全新价值模式的潜力。

（5）ICP 的区块链是环保的，因为交易 ICP、NFT 或执行其他日常任务仅消耗与发送电子邮件一样多的电力。这使得 ICP 具有可持续性，与其他区块链和加密货币相比，碳足迹最少。2021 年 12 月，《财富》杂志报道称，每笔比特币交易消耗 1,173 千瓦时的电力，仅能源成本就约为 176 美元。从 2018 到 2020 年，比特币采矿和交易的碳排放量增加了 4,000 万吨，相当于 890 万辆汽车。据全球综合数据资料库 Statista 称，这种用电量相当于 100,000 笔 VISA 交易。同样，建立在以太坊上的 NFT 交易所的运营成本也非常高，以至于一些艺术家谴责它们为"生态噩梦传销"。由于加密采矿操作的密集处理需求，在以太坊区块链上交易 NFT 产生的碳足迹与欧盟普通居民在一个月内产生的碳足迹相同。

如果没有新的基础设施和更高效的交易流程，以太坊和比特币等区块链可能无法长期持续发展下去。与以太坊、比特币和许多其他区块链相比，ICP 子网不使用需要庞大的数字挖掘操作来处理交易的股权证明或工作证明共识机制。相反，ICP 子网通过链密钥技术进行交互。智能合约交易在大约 1 秒内完成，总成本约为 0.0001 ICP，约合 0.6 美元。在 ICP 的区块链上发送或接收 ICP、NFT 或其他数据的用电量与发送电子邮件相当。此外，在 ICP 价格上涨的情况下，交易成本可以根据 ICP 的 NNS 上的新提案动态改变。

ICP是如何工作的?

正如前文所说，ICP 是互联网计算机加密的构建块。其具有传统智能合约的所有功能，以及用于存储软件和用户数据的实用程序和内存。ICP 容器可以根据应用程序负载进行扩展，并且可以调用其他容器，同时为数百个用户的请求提供服务。

因此，ICP 有着能够每秒实现数千笔交易的独特优势，其吞吐量能让以太坊大吃一惊，并为托管未来的 DeFi 应用程序提供了一个实际案例。另外，基于 ICP 的软件可以完成与构建在亚马逊 AWS、谷歌或微软 Azure 等大型科技平台上的传统软件应用程序相同的任务。典型例子如 DSCVR.one 是 Reddit 的去中心化替代品。

用户可以通过他们喜欢的互联网浏览器与 ICP 容器交互，

直接与 ICP 的区块链交互，而不是与各种专有的前端 API 进行通信。

ICP 有为计算提供动力的循环机制。ICP 代币用于铸造新的周期，这些周期由 ICP 子网络燃烧以进行计算。这种销毁机制对 ICP 的法定货币价格起到了通货紧缩的作用。无论 ICP 代币价格如何，经济循环的价值将始终保持稳定，而以太坊最显著的缺点之一是其高昂的 Gas 费用。

在 ICP 的区块链上，稳定的周期使基于 ICP 的软件开发成本可预测且始终处于较低水平。ICP 循环可以发送到 ICP 容器以供其以后在执行计算或存储数据时使用。此外，ICP 软件可以用任何可以编译为 WebAssembly 模块（例如 Motoko、Rust）的编程语言编写，以部署在 ICP 的区块链上。

甚至，ICP 容器可以与环境分离，并与其他容器或用户交互以执行计算和智能合约代码。容器的互操作性使得开发人员能够在 ICP 的区块链上开发广泛的服务。由于所有匿名交易和计算数据都可用于 ICP 的区块链，因此任何人都可以使用 ic.rocks 或 Canlista 等指标网站查看当前部署的容器的活动统计数据。

区块链上的预言机

预言机是区块链与真实世界之间的桥梁。它充当区块链上的应用程序接口，通过查询可以获取智能合约的相关信息，获取的可能是任何信息，从价格信息到天气预报等。预言机可以是双向的，可用于向真实世界发送数据。

为什么我们需要预言机？

在深入研究什么是预言机之前，了解它的创建原因以及它旨在解决的问题是很重要的。预言机是复杂的计算机化系统，将来自外部世界（链下）的数据与区块链世界（链上）联结起来。

大多数区块链都有用于转移价值、启用协议操作或促进治理的本地加密货币，一些区块链还支持智能合约，这是一种在区块链协议中运行的计算机程序，并在以可追溯且不可逆的方式满足某些条件时自动执行一组预定的操作。智能合约在没有第三方的情况下执行，并且可以设计为执行几乎任何可以想象得到的合约。

例如，如果你使用加密货币购买房屋，可能会起草一份简单的智能合约进行购房。它会说："如果 A 将所需的资金发送给 B，那么房屋的契约就会从 B 转移给 A。"一旦满足智能合约的条件，它就会根据其代码不可逆转地执行，无须依赖传统的第三方来发起或执行合同。

然而，区块链和链上智能合约需要有一种方法来利用外部的链下数据，以便智能合约执行影响现实世界的应用程序。在上面的房地产交易示例中，链下数据可能是成功付款的证明，或者是收到契约的证明。由于区块链是独立的系统，这时就需要预言机发挥作用了。

区块链预言机：外部数据的提供者

预言机为区块链或智能合约提供了一种与外部数据交互的方式，它就像与区块链之外的世界对接的 API。在多数情况下，外部数据需要与封闭的区块链系统进行通信，尤其是当智能合约连接到现实世界的事件时。加密预言机查询、验证和认证外部数据，然后将其中继到封闭系统，经过身份验证的数据将用于验证智能合约。

入站与出站预言机

预言机建立了与区块链的双向通信线路，数据可以传入或传出。虽然出站预言机可以将区块链数据传送到外部世界，但入站预言机将链下或现实世界的数据导入区块链更为常见。导入的信息几乎可以代表任何内容——从资产价格波动到天气状况，再到成功支付的证明。

入站预言机的常见可编程场景是"如果资产达到某个价格，则下达买入订单"。再举一个例子：假设 A 与 B 打赌是否将连续下雨一周，投注金额将被锁定在智能合约中，预言机将提供准确且不可变的天气数据报告，最终资金将被交付给 A 或是 B——这取决于数据是否显示连续下雨一周。

相比之下，出站预言机将链上发生的事件通知给外部世界。例如，在特定的加密钱包地址收到加密货币付款，就可以对智能合约进行编程，以解锁现实世界中租赁单元上支持互联网的智能锁。

软件与硬件预言机

大多数加密预言机都可以处理数字信息。软件预言机提供来自网站、服务器或数据库等数字源的数据，而硬件预言机提供来自现实世界的数据。软件预言机可以提供实时信息，例如汇率、价格波动或航班信息，硬件预言机可以传递和中继来自相机运动传感器、射频识别（RFID）传感器、温度计和条形码扫描仪等设备的信息。

预言问题：集中式预言机

集中式预言机由单个实体控制，并充当智能合约的唯一数据提供者。它要求合同参与者对一个实体给予极大的信任。它还代表了单点故障，这可能会威胁到智能合约的安全性。如果预言机遭到破坏，智能合约也会受到破坏。智能合约的准确性和有效性在很大程度上取决于所提供数据的质量，因此预言机对智能合约具有很大的权力。

发明智能合约主要是为了控制交易风险和避免过度依赖第三方。预言机使合约能够在去信任方之间执行，但是（尤其是）当它变得过度中心化时，可能会有它试图成为中间人的风险，这被称为预言机问题。保护隐私、安全和公平，并避免可能破坏智能合约和区块链之间的关系的过度中心化，成为预言机面临的关键挑战。

去中心化预言机

去中心化预言机试图实现依赖因果关系而不是个人关系的去信任和确定性结果。它以与区块链网络相同的方式实现这些结果，即在许多网络参与者之间分配信任。通过利用许多不同的数据源并实施不受单个实体控制的预言机系统，去中心化的预言机网络有可能为智能合约提供更高级别的安全性和公平性。

中心化的预言机本身可能会像任何其他第三方一样受到损害并且容易受到操纵。出于这个原因，许多区块链项目，包括Chainlink（LINK）、Band Protocol（BAND）、Augur（REP）和 MakerDAO（DAI 的构建者），正在开发（或已经开发）去中心化预言机。去中心化预言机解决了预言机问题，并在许多不同的市场大幅扩展智能合约用例的潜力，对于加密货币和整个区块链领域来说是一种令人兴奋且有可持续性的发展。

简单介绍 Chainlink 项目

区块链之所以优异，是因为它能切实保障安全、信任和去中心化。问题是每个区块链都是一个独立的世界，从外部世界获取信息总是会产生漏洞，因为需要信任区块链之外的来源提供的是准确的信息。我们可以看一下 Chainlink 的官网主页，以便了解它提供的服务，如图 5.3 所示。

图 5.3　Chainlink 官网主页

什么是Chainlink?

　　Chainlink 提出了以仍然安全、值得信赖和去中心化的方式将信息输入和输出区块链。区块链和真实世界之间的数据源（称为预言机）不需要再成为智能合约程序的单点故障。Chainlink创建了一个节点网络，以向区块链提供信息和从区块链中获取信息，从而创建了一种重要的智能合约基础设施。这种"区块链中间件"意味着 Chainlink 预言机可以在不牺牲去中心化或安全性的情况下提供基本信息，例如价格反馈、事件结果和与传统支付系统的链接等。

Chainlink有什么特别之处?

　　区块链与外部世界的交汇点一直是 DApps 中的一个巨大漏洞，直到 Chainlink 创建了一个安全的桥梁。数据进入区块链的点也是数据可以被操纵、破坏或简单地伪造的点，而这些故障点正是 Chainlink 创造价值的地方。

为了尽量减少预言机的潜在故障，Chainlink 白皮书中列举了优先考虑的三个原则：数据源的分布；预言机的分发；使用受信任的硬件。

为了提高预言机或数据馈送的安全性，Chainlink 收购了一家名为 TownCrier 的初创公司。通过使用 TownCrier 的技术，使用"可信执行环境"和专门的额外安全硬件，使提供给 Chainlink 预言机的数据变得更加安全。

Chainlink 的真实用例体现在其众多合作伙伴中，例如来自加密领域的 Polkadot 和 Synthetix，以及来自传统商业领域的环球银行金融电信协会和谷歌。

例如，现实世界的汇款可以通过 Chainlink 从 SWIFT 发送到区块链，然后通过 Chainlink 将收到付款的证明发送回 SWIFT。SWIFT 对 Chainlink 的使用在传统和加密货币领域之间创建了无缝交互，同时最大限度地减少了潜在的故障点。

Chainlink是如何工作的?

Chainlink 是一种去中心化的预言机网络，由数据的购买者和提供者组成。购买者请求数据，供应商以安全的方式返回数据。

购买者选择他们想要的数据，供应商出价提供该数据。提供者在出价时必须承诺 LINK 代币的股份，如果他们行为不端，这些代币可能会被拿走。一旦选择了提供者，提供者的工作就是在链上提供正确的答案。

Chainlink 使用预言机信誉系统来聚合和加权提供的数据。

如果一切顺利，供应商会得到报酬，每个人都会受益。

未来的发展

确保 Chainlink 网络安全的两个关键点是数据源的分布和预言机的分布。像所有网络一样，Chainlink 希望拥有更多的用户和运营商，以使自身变得更加强大和有价值，即增加他们的网络效应。这意味着 Chainlink 不仅要寻找更多的合作伙伴，还要通过他们的 Chainlink 社区发起更多的活动和获取更多的关系。

DeFi 是"去中心化金融"的缩写，是加密货币或区块链中各种金融应用的总称，旨在打破金融中介机构垄断行业的格局。

DeFi 从区块链中汲取灵感。区块链是数字货币背后的技术，它允许多个实体持有交易历史的副本，这意味着它不受单一的中央来源控制。这很重要，因为集中式系统会限制交易的速度和复杂性，同时削弱用户对他们的资金的直接控制。DeFi 之所以与众不同，也是因为它将区块链的应用从简单的价值转移扩展到更复杂的金融用例。

比特币和许多其他数字原生资产从传统的数字支付方式（例如 Visa 和 PayPal 的运营方式）中脱颖而出，因为它们消除了交易中的所有中间商。当你在咖啡馆用信用卡支付咖啡的费用时，金融机构就在你和企业之间控制着交易，它拥有停止或暂停交易的权力，并将其记录在其私人分类账中。有了加密货币，这些机构就被排除在外了。

直接采购并不是大公司监督的唯一交易或合同类型。贷款、保险、众筹、衍生品、博彩等金融应用也在它们的掌控之中。从各种交易中剔除中间商是 DeFi 的主要优势之一。

　　在被称为去中心化金融之前，DeFi 通常被称为"开放金融"。

主流的 DeFi 应用

主流的 DeFi 应用有以下几种。

（1）去中心化交易所（DEX）。在线交易所帮助用户将货币兑换成其他货币，无论是用美元兑换比特币，还是用以太币兑换 DAI。DEX 是一种热门的交易所，它直接连接用户，因此他们可以直接交易加密货币，而无须信任中介机构的资金。

（2）稳定币。一种与加密货币以外的资产（例如美元或欧元）挂钩并具有稳定价格的加密货币。

（3）借贷平台。这些平台使用智能合约来代替中间管理借贷的银行等中介机构。

（4）跨链比特币（WBTC）。一种将比特币发送到以太坊网络的方式，因此比特币可以直接在以太坊的 DeFi 系统中使用。WBTC 允许用户通过在上述去中心化借贷平台借出的比特币赚取利息。

（5）预测市场。投注未来事件（例如选举）结果的市场。DeFi 版本的预测市场的目标是提供相同的功能但没有中介机构。

除了这些应用之外，新的 DeFi 概念也如雨后春笋般涌现。

（1）收益农业。对于愿意承担风险的交易者来说，通过收益农业（收益农业的概念是从 DeFi 运动中产生的，是一种通过加密货币获得可观收益的新方法），用户可以扫描各种 DeFi 代币以寻找获得更大回报的机会。

（2）流动性挖矿。DeFi 应用程序通过向用户提供免费代币来吸引用户使用其平台。这是迄今为止最流行的单产农业形式（单产农业即 DeFi 独有的投资回报率优化策略）。

（3）可组合性。DeFi 应用程序是开源的，这意味着它们背后的代码是公开的，任何人都可以查看。因此，这些应用程序可用于以代码为构建块"组合"新的应用程序。

（4）金钱乐高积木。把"可组合性"这个概念换一种说法，DeFi 应用程序就像乐高积木可以搭建建筑物、车辆一样，它可以作为"货币乐高积木"来构建新的金融产品。

去中心化交易所

DEX 是一个点对点市场，交易直接发生在加密交易者之间。DEX 推动了不由银行、经纪人、支付处理商或任何其他中介机构主持的金融交易。最受欢迎的 DEX（如 Uniswap 和 Sushiswap）都在以太坊区块链上运行，并且是不断增长的 DeFi 工具套件的一部分，这些工具可以直接从兼容的加密钱包中获得大量金融服务。DEX 正在蓬勃发展，在 2021 年第一季度，有 2170 亿美元的交易流经 DEX。截至 2021 年 4 月，DeFi 交易人数已超过 200 万，是 2020 年 5 月的 10 倍。

DEX 是如何工作的?

与 Coinbase 等中心化交易所不同,DEX 不允许法定货币和加密货币之间的交易,相反,它处理的是加密货币之间的交易。

通过中心化交易所(CEX),你可以用法定货币换取加密货币(反之亦然),或用加密货币换取加密货币,比如用比特币换取 ETH。你还可以进行更高级的操作,例如保证金交易或设置限价单,但是所有这些交易都是由交易所自己通过"订单簿"处理的,该订单簿根据当前的买卖订单确定特定加密货币的价格,这与纳斯达克等证券交易所使用的方法相同。

而 DEX 只是一组智能合约。它通过算法确定各种加密货币的价格,并使用"流动性池"——投资者锁定资金以换取类似利息的奖励来促进交易。

虽然 CEX 的交易记录在该交易所的内部数据库中,但 DEX 交易直接在区块链上结算。

DEX 通常建立在开源代码之上,这意味着任何有兴趣的人都可以确切地看到它们是如何工作的,也意味着开发人员可以调整现有代码来创建新的竞争项目——因此 Uniswap 的代码在 Sushiswap 和 Pancakeswap 等名称中带有"swap"的项目中得到了调整。Sushiswap 的官网主页如图 6.1 所示。

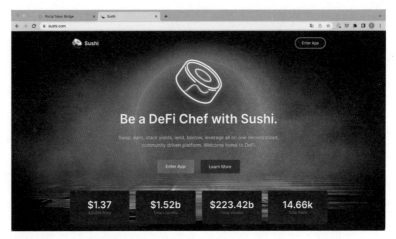

图 6.1　Sushiswap 官网主页

DEX 的潜在优势有哪些?

（1）种类繁多。如果你有兴趣寻找处于起步阶段的热门代币，那么 DeFi 就是你的理想之选。DEX 提供了几乎无限的代币种类，从众所周知的代币到陌生的和完全随机的代币。这是因为任何人都可以铸造基于以太坊的代币，并为其创建流动资金池。因此，你会发现许多经过审查和未经审查的代币项目。（买家一定要小心！）

（2）可以降低黑客风险。由于 DEX 交易中的所有资金都存储在交易者自己的钱包中，因此，理论上它们不太容易受到黑客攻击。另外，DEX 还降低了所谓的"交易对手风险"——违约的可能性。其中，交易相关方甚至可能包括非 DeFi 交易中的中介机构。

（3）匿名性。使用主流的 DEX 不需要个人信息。

（4）对于发展中国家的价值。DEX 的点对点借贷、快速交易和匿名性使其在发展中经济体中越来越受欢迎，因为这些经济体可能没有可靠的银行基础设施，而任何拥有智能手机和可以连接互联网的人都可以通过 DEX 进行交易。

DEX有哪些潜在的缺点？

（1）在 DEX 进行复杂交易需要一些专业知识，而且交易界面并不总是那么容易看懂，因此需要用户做大量的前期研究准备，不能指望 DEX 本身提供很多帮助。用户需要小心操作，因为可能会出现无法修复的错误，例如将代币发送到错误的钱包。另一个常见问题被称为"无常损失"，这可能是由将流动性池中波动性更大的加密货币与波动性较小的加密货币配对造成的。

（2）智能合约漏洞。任何 DeFi 协议的安全性都取决于为其提供支持的智能合约，而合约的代码可能存在可利用的错误（尽管代码经过了很长时间的测试），从而导致用户的代币丢失。虽然智能合约在正常情况下可能会按预期工作，但开发人员无法预料到所有罕见事件、人为因素和黑客攻击。

（3）风险更高的代币。由于大多数 DEX 上都有未经审查的大量代币，因此，有很多骗局需要警惕。当有人铸造了一堆新的代币，压垮了流动资金池并降低了代币的价值时，一种处于热潮中的代币可能会突然被"拉扯"。在用户购买新的加密货币或试验新协议之前，需要尽可能多地学习，包括阅读白皮书、访问开发人员的推特订阅源或 Discord 频道，以及寻找任何特定项目的审计（较大的审计所包括 Certik、Consensys、Chain

Security 和 Trail of Bits）。

DEX 费用如何收取?

各种 DEX 费用各不相同。例如,Uniswap 收取 0.3% 交易额的费用,由流动性提供者分摊,未来可能会增加协议费用。不过,DEX 收取的费用比起使用以太坊网络的 Gas 费用还是要低很多的。

DEX案例:Uniswap

Uniswap 是领先的去中心化加密货币交易所,在以太坊区块链上运行。一般来说,绝大多数加密交易都发生在 Coinbase 和 Binance 等中心化交易所,这些平台由单一机构(运营交易所的公司)管理,要求用户将资金置于它们的控制之下,并使用传统的订单簿系统来运行交易。Uniswap 的官网主页如图 6.2 所示。

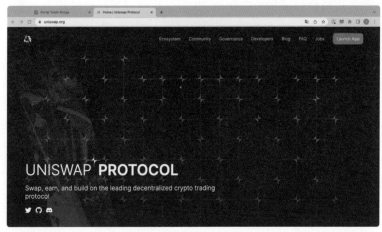

图 6.2　Uniswap 官网主页

基于订单簿的交易是在列表中显示买卖订单以及每笔订单的总金额。资产的未平仓买卖订单数量称为"市场深度"。为了使用该系统进行成功的交易，购买订单必须与订单簿另一侧的相同数量和价格的资产的卖单匹配，反之亦然。

例如，如果你想在中心化交易所以 33,000 美元的价格出售一个比特币，你需要等待买家出现在订单簿的另一侧，需要该买家以同等或更高价格购买一个比特币。

这种系统的主要问题是流动性低。流动性由任何给定时间内订单簿上的订单深度和数量衡量。系统流动性低则意味着交易者可能无法完成他们的买卖订单。

还可以这么理解流动性，想象你在街头市场拥有一个食品摊。如果街市上挤满了卖货的摊主以及购买产品的人，这种市场被称为"流动市场"。如果市场平静，几乎没有买卖活动，则这种市场被称为"窄市"。

1. 什么是 Uniswap？

Uniswap 是一种完全不同类型的交易所，它完全去中心化，这意味着它不由单个实体拥有和运营，且使用一种相对较新的交易模型，称为自动流动性协议。

Uniswap 平台于 2018 年建立在以太坊区块链之上，以太坊区块链是全球第二大加密货币项目（按市值计算），这使其与所有 ERC-20 代币和基础设施（如 MetaMask 和 MyEtherWallet 等钱包服务）兼容。

Uniswap 是完全开源的，这就意味着任何人都可以复制其代码来创建自己的 DEX。它甚至允许用户免费在交易所上架代币。普通的 CEX 是利润驱动的，并且会收取极高的上币费用，仅此一项就是 CEX 与 DEX 之间显著的区别。由于 Uniswap 是一个 DEX，这也意味着用户始终保持对资金的控制权，而不是像 CEX 一样要求交易者放弃对其私钥的控制权。CEX 将订单记录到内部数据库，而不是在区块链上执行，这将耗时更长且成本高昂。Uniswap 用户通过保留自己对私钥的控制权，消除了交易所被黑客入侵时丢失资产的风险。根据最新数据显示，Uniswap 目前是第四大 DeFi 平台，其协议上锁定了价值超过 30 亿美元的加密资产。

2. Uniswap 的工作原理

Uniswap 在两个智能合约上运行：交换合同和工厂合同。Uniswap 是自动计算机程序，旨在在满足某些条件时执行特定功能。在这种情况下，工厂智能合约用于向平台添加新代币，而交换智能合约促进所有代币交换或交易。任何基于 ERC-20 的代币都可以在更新的 Uniswap v2 平台上与另一种代币进行交换。

3. 自动流动性协议

Uniswap 解决 CEX 的流动性问题的方式是采用自动流动性协议。其通过激励在交易所进行交易的人们成为流动性提供者（LP）来发挥作用：Uniswap 用户将他们的资金集中起来创建一个基金，用于执行平台上发生的所有交易。列出的每种代币都有自己的池供用户贡献，每种代币的价格是使用数学算法计算出来的。

有了这个系统，买方或卖方不必等待对方出现来完成交易。相反，只要特定池中有足够的流动性来促进交易，他们就可以根据已知价格立即执行任何交易。

作为投入资金的交换，每个 LP 都会收到一种代币，该代币代表其对池的质押贡献。例如，你向持有 100,000 美元的流动资金池贡献了 10,000 美元，你将获得该池 10% 的代币。该代币可以赎回一部分交易费用。Uniswap 对平台上发生的每笔交易会向用户收取 0.30% 交易额的固定费用，并自动将其发送到流动性储备金中。

每当 LP 想要退出时，他们都会从储备金中获得他们在该池中的质押金额的总费用的一部分。他们收到的代币记录了他们所欠的股份，然后被销毁。

在 Uniswap v2 升级之后，引入了一种新的协议费用，可以通过社区投票打开或关闭，基本上每 0.30% 的交易费用中有 0.05% 发送给 Uniswap 基金，以资助其未来的发展。目前，此费用选项已关闭，如果启用该选项，意味着 LP 将开始被收取 0.25% 的池交易费用。

4. 套利

套利交易者是 Uniswap 生态系统的重要组成部分。这些交易者专门利用跨多个交易所的价格差异来获取利润。例如，比特币在 Kraken 上的交易价格为 35,500 美元，而在 Binance 上的交易价格为 35,450 美元，那么你可以在 Binance 上购买比特币并在 Kraken 上出售以轻松获利。如果进行了大批量交易，则可以在相对较低的风险下获得可观的利润。

套利交易者在 Uniswap 上所做的是找到交易价格高于或低于其平均市场价格的代币——由于大笔交易在池中造成不平衡

并降低或提高价格——并相应地买卖它们。他们这样做，直到代币的价格重新平衡到与其他交易所的价格一致并且没有更多的利润可赚。自动化做市商系统和套利交易者之间的这种和谐关系使 Uniswap 的代币价格与市场其他部分保持一致。

稳定币

稳定币是一种与美元或黄金等"稳定"储备资产挂钩的数字货币。稳定币旨在降低相对于比特币等非挂钩加密货币的波动性。

DeFi 的另一种形式是稳定币。与法定货币相比，加密货币的价格波动通常更剧烈，这对于想知道一周后自己的代币价值多少的人来说并不是一件好事。稳定币将加密货币与美元等非加密货币挂钩，以控制其价格。顾名思义，稳定币旨在带来价格"稳定"。

著名的稳定币包括 USDT、USDC、BUSD、DAI 等。我们这里主要介绍 DAI 这种稳定币，因为它与 DeFi 是最契合的。

什么是DAI?

作为第一种去中心化、支持抵押品的加密货币，DAI 是一种加密资产，它试图通过将其他加密资产锁定在合约中来与美元保持稳定的1∶1价值关系,它标榜自己为一种更好的货币（如图 6.3 所示）。

图 6.3　DAI 官网主页

　　这意味着，与其他可能由营利性公司发行的资产支持的加密货币不同，DAI 是一种名为 Maker 协议的开源软件的产品，这是一种运行在以太坊区块链之上的 DApp。

　　因此，DAI 保持其价值的方式不是由公司托管的美元支持，而是使用以 ETH 计价的抵押债务。抵押贷款为贷方提供了一种使用他们拥有的资产获得贷款的方式。从历史上看，这些贷款的利率要低于无抵押贷款，因为它们允许贷方在借款人无法偿还贷款时扣押资产并将其出售。

　　Maker 协议通过在以太坊上运行的智能合约，使借款人能够锁定 ETH 和其他加密资产，从而对其进行抵押，以便以贷款的形式生成新的 DAI。

　　如果借款人希望收回锁定的 ETH，他们必须将 DAI 返还给协议并支付费用。如果发生清算，Maker 协议将使用基于市场的内部拍卖机制获取抵押品并出售。

　　由于其设计特性，DAI 的供应不能被网络中的任何一方更改。相反，它是通过一个智能合约系统来维护的，该系统旨在动态响应其合约中资产的市场价格变化。

谁创造了DAI?

Maker 基金会由卢恩·克里斯滕森（Rune Christensen）于 2014 年创立，他创建了 Maker 协议，这是一个开源项目，其目标是运营一个信用系统，允许用户获得以加密货币为抵押的贷款。DAI 于 2017 年在 Maker 协议上正式启动，作为一种为企业和个人提供非易失性借贷资产的手段。Maker 基金会最终将软件的控制权交给了 MakerDAO，MakerDAO 是一个分散的自治组织，现在管理 Maker 协议。

DAI是如何工作的?

DAI 是一种由其他加密货币抵押的加密资产。如果用户想要获得 DAI，他们可以在交易所花费 ETH 购买等值的 DAI，也可以使用 Maker 协议抵押 ETH 和其他资产。后一种方法允许不想出售其 ETH 的用户仍然获得 DAI。

抵押债务头寸（CDP）是 Maker 协议上的智能合约，用户可以利用它来锁定其抵押资产（ETH 或 BAT）并生成 DAI。CDP 可以视为存储上述抵押品的安全保险库。考虑到加密抵押品的波动性，DAI 通常会被超额抵押，这意味着所需的存款金额通常要高于 DAI 的价值。例如，用户必须在 ETH 上花费 200 美元才能收到 100 美元的 DAI，这意味着 ETH 价值的潜在下降。因此，如果 ETH 贬值 25%，那么 100 美元的 DAI 仍将被

150 美元的 ETH 安全地抵押。为了恢复存储的 ETH，用户必须归还 DAI 并支付稳定费。

借贷平台

借贷市场是一种流行的 DeFi 形式，它将借款人与加密货币的贷方联系起来。主流平台 Compound 允许用户借用加密货币或提供自己的钱款，用户可以通过借款获得利息。Compound 通过算法设置利率，因此如果借入加密货币的需求更高，利率将被推高。

DeFi 借贷是基于抵押品的，这意味着为了获得贷款，用户需要提供抵押品，通常是以太币。这意味着用户不会提供他们的身份或相关的信用评分来获得贷款，而这是正常的非 DeFi 贷款的运作方式。

什么是Compound?

在传统的储蓄账户中，你将钱存入银行并赚取利息。问题是，客户一旦把资产存入银行，就无法以任何其他方式使用他们存入的钱和赚取的利息。如果你希望在储蓄的同时花掉用你的积蓄赚来的钱怎么办？这正是 DeFi 希望解决的问题之一。在 DeFi 世界中致力于提供这项服务的公司之一是 Compound。下面我们将探讨这个基于以太坊的项目如何试图帮助人们获得储蓄。Compound 官网主页如图 6.4 所示。

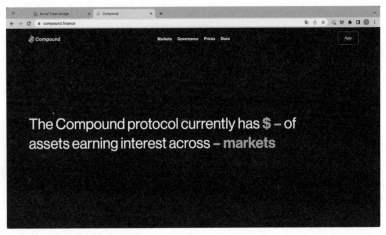

图 6.4　Compound 官网主页

　　与大多数 DeFi 协议一样，Compound 是一个建立在以太坊上的可公开访问的智能合约系统。Compound 允许借款人通过将其加密资产锁定到协议中来获得贷款和为贷方提供钱款。借款人和贷款人支付和收取的利率由每种加密资产的供求关系决定。每个区块的开采都会产生利率。贷款可随时还款，锁定资产可随时提现。

　　建立在该原则之上的是 cToken，这是 Compound 的原生代币，它允许用户从他们的钱中赚取利息，也能够在其他应用程序中转移、交易和使用这些钱。前经济学家罗伯特·莱什纳（Robert Leshner）是 Compound 的创始人兼首席执行官。

Compound有什么特别之处?

　　从表面上看，Compound 类似于其他去中心化借贷协议，因为它使用加密资产作为抵押品来借入更多的加密资产。

Compound 的突出之处在于通过使用 cToken 对锁定在其系统中的资产进行代币化。

cToken 只是 ERC-20 代币，代表用户存入 Compound 的资金。通过将 ETH 或其他 ERC-20（如 USDC）放入协议中，用户可以获得等量的 cToken。例如，在协议中锁定 USDC 会生成 cUSD 代币，这些代币会自动为用户赚取利息。用户可以随时将其 cUSDC 兑换成普通的 USDC 加上以 USDC 支付的利息。

每种资产都有自己的市场，该市场的供求量决定了利率，因此用户的 cToken 会随着时间的推移不断积累。

可以使用 Compound 做什么?

除了从你的加密资产中赚取利息（这是一个在平台上存入加密资产并接收 cToken 的相当简单的过程）之外，你还可以在 Compound 上借用加密资产。借用加密资产有一个额外的步骤，即确保你的抵押品的价值保持在相对于你的贷款的最低金额之上。如果你的抵押品价值下降太多，你就会有被清算的风险，也就是你的抵押品会被自动出售以偿还你的贷款。

未来

Compound 和 DeFi 希望帮助人们更方便地访问和控制他们赚取和储蓄的钱。尽管该项目受到批评，但 Compound 的长期目标始终是随着时间的推移变得完全去中心化。Compound 团队目前管理该协议，但他们计划最终将所有权力移交给由 Compound 社区管理的去中心化自治组织（DAO）。

DeFi 的一个基础概念——流动性质押

涉及加密行业，"质押"是赚取资产被动收入的一种方式，同时可以支持区块链网络的安全和运营。流动性质押协议提供与常规 PoS 质押相同的好处，但减少了潜在的缺点。

流动性质押协议处于加密货币质押经济的最前沿，彻底改变了 DeFi 行业的流动性准入。流动质押的优势之一是能够在互动和使用资金的同时获得奖励，流动性质押协议为借贷协议和单产农业等活动提供了基础，用户可以与众多 DeFi 平台进行交互，从一个资金池中获得多种奖励。

什么是质押?

在传统金融行业中，银行为客户提供回报以存储他们辛苦赚来的现金。他们借出客户的钱以在称为"部分准备金贷款"的过程中获利。然后，银行向客户支付一小部分费用，银行则获取大部分利益。类似的过程发生在加密货币行业。然而，与传统金融系统的秘密操作不同，加密货币交易在区块链上是公开透明的。此外，由于没有第三方中介，DeFi 协议因其营利性和具有竞争力的利率而声名远播。

"Staking"是加密货币行业特有的金融术语。这是将加密资产锁定在协议中以获得回报的过程。通过将闲置资产投入使用，抵押加密货币是赚取被动收入的好方法。此外，质押协议可以协助 PoS 共识机制，该机制促进关于区块链交易有效性的网络协议。因此，与比特币等 PoW 区块链相比，这大大降低了能源需求。有数百种不同的质押协议支持不同的资产、质押期限和奖励。对于 100% 确定在一段时间内不需要使用资金的投资者来说，Staking 是理想的选择。

然而，质押的另一面是在一定时期内无法使用资金。在质押协议中锁定资金后，你无法交易、出售或转移任何资产。此外，许多质押协议（特别是 PoS）都有"冷却"期或对在质押期完成之前提取资金的惩罚。因此，出现了流动性质押协议来消除其中的一些障碍。

什么是流动性质押?

流动性质押，有时也称为"软质押"，是一种锁定资金以赚取奖励的同时仍然可以使用资金的方式。与将资金"锁定"在协议中的股权证明（PoS）不同，流动性股权资金仍然可以在托管中被使用。用户将他们的资金存入 DeFi 应用程序的托管账户中，并收到他们的资金的代币化版本。

流动性质押可以让闲置资产发挥作用并通过加密获得被动收入。此外，投资者同时在其他 DeFi 协议中从质押基金的代币化价值中获得更多回报。根据 Blockdaemon 的说法，75 亿美元的 ETH 或 ETH 2.0 合约中质押的 ETH 总份额的 20% 属于流动质押协议。因此，流动性质押为质押资金和加密货币市场的增长提供流动性和灵活性。

流动性质押如何运作?

假设某用户有一个 ETH,他想将其投入使用,并不打算很快将其花掉。但是,他希望能够在需要时安全地访问它。

首先,该用户在决定他想尝试的平台之前,会在不同平台上进行广泛的研究。因此,他将一个 ETH 放入流动质押协议中。然后,他会收到一个价值等值的"stETH"(质押的 ETH)作为回报。

该用户将从协议中保留的原始 ETH 存款中获得奖励。同时,他可以像使用原来的 ETH 一样使用该 stETH,包括进行交易、质押或做任何其他事情,比如使用代币化资金作为抵押品或在另一个借贷平台上获得奖励。

为了让该用户获得原来的一个 ETH,他需要一个 stETH 才能将其兑换回来。这可能会根据协议略有不同。一些平台会从提取资金所需的金额中扣除初始存款产生的利息。值得注意的是,在与资金互动之前,请务必仔细阅读条款并了解协议的运作方式。

流动性质押的优势

现在我们对流动性质押过程的工作原理有了更多的了解,下面将探讨流动性质押的优势。

1. 高产农业

流动性质押是收益农业活动的基本基石。简言之,收益农

业是指交易者将资金锁定在一个协议中并收到这些资金的打包
或代币化版本。然后，交易者将代币化资金放入另一个流动性
质押协议，接收代表资金的另一个代币化资产。因此，交易者
可以在锁定大量资金的同时获得多种资产的收益。然而，高产
农业本质上是有风险的，所以用户要确保自己进行过研究，并
注意指示清算风险的"贷款与抵押"比率。

2. 加密贷款

有时，投资者需要重新调整他们的投资组合，以使某些资
产比其他资产更具流动性（可访问性）。例如，当发生意外情况时，
加密货币持有者可能需要快速获得额外的法定货币。然而，许
多加密投资者不愿意出售他们的资产。作为替代方案，投资者
可以使用他们现有的加密资产通过流动质押协议获得加密支持
的贷款。因此，通过锁定资金并接收其资产的代币化流动版本，
投资者可以将其转换为法定货币。

3. 快速存取资金

流动性质押的另一个优势是能够快速存取资金，这与许多
PoS 协议形成鲜明对比，这些协议包括冗长的取消抵押过程或
过早取消抵押的惩罚。在出现市场动荡或任何意外付款时，快
速存取资金能够抵抗一些风险。

风险

虽然流动性质押有很多优势，但它确实带来了一些风险。
不过借助教育、策略和自我意识，可以将风险降至最低。

收益农业本质上是有风险的，基金中的每个杠杆都会承受

更大的清算风险。流动性质押协议需要抵押品来支撑流动性代币，协议不同，抵押品具有不同的贷款质押率。如果发生"黑天鹅"事件，导致市场出现剧烈的熊市转折，资产价值可能会跌破必要的抵押要求，这可能导致清算所有资产的结果。

虽然流动性质押的优势之一是正回报，但可能会发生熊市事件，这是流动性质押的风险之一。

每个交易者看到他们的资金价值上涨都会感到兴奋。然而，如果没有适当的战略投资计划，人性的贪婪就会占据上风，这可能会导致疏忽和决策风险，从而导致资金损失。如果没有事先的研究和教育，尝试同时操作大量流动性质押协议并与之交互可能是无利可图的。

现有协议

流动性质押协议的数量正在迅速增加。与 PoS 协议一样，每个项目都有不同的参数。此外，特定的区块链默认启用协议级别的流动质押（例如 Cardano）。相反，其他区块链（如 Polkadot 和 Solana）则依赖第三方项目通过质押来提高流动性。

排名第一的智能合约链以太坊正在向单一的 PoS 共识机制过渡，因此，ETH 2.0 链要求节点至少质押 32 ETH 才能成为验证者并参与网络。Blockdaemon 与 StakeWise 合作，为金融机构提供全球首个 ETH 2.0（前身为 Eth2）流动性质押解决方案。作为机构级流动性质押产品的先驱，Blockdaemon 必须确保机构完全符合反洗钱合规性，以参与 DeFi 质押协议。

总结

加密行业因创造性地利用闲置资产创造被动收入而"臭名昭著"。质押的概念对于许多加密项目中的 PoS、共识模型的安全性和操作至关重要。因此，受过教育的加密货币投资者通过锁定资金和赚取奖励来让他们的资产发挥作用是非常普遍的。

流动质押的优势在于，可以让用户从资产的持续流动中获得奖励。

流动性质押更进一步。投资者能够在闲置资产上赚取被动收入，同时仍然可以流动地获得其初始资金的价值。因此，这些协议在单产农业活动、加密贷款和其他新型 DeFi 协议中发挥着重要作用。此外，主流的加密货币交易所，包括 Crypto.com和 KuCoin，为用户提供了流动性质押服务。因此，用户可以通过持有一些重要的加密货币项目而获得奖励，同时保持自身资金的流动性和灵活性。

流动性质押保持了 PoS 质押的优势，同时解决了大部分问题，例如从流动性协议中提取资金通常比 PoS 协议更容易、更快捷，而且不会招致取消赌注的处罚。因此，这些协议处于 Staking 经济下一次发展的前沿。

质押案例：Lido

Lido 是一项质押服务，可在以太坊、Terra 和 Solana 区块链上提供分散的流动性。

Lido 通过发行衍生代币来提高整个加密市场的流动性，交易者可以通过流动性质押的过程在 DeFi 协议上部署这些代币，例如 Yearn、Curve 和 Maker。Lido 产品由 Lido DAO 管理，这是一个分散的 DAO，使用其本地 LDO 代币分配投票权。

什么是Lido?

Lido 是适用于以太坊、Terra 和 Solana 区块链的非托管质押解决方案。更具体地说，Lido 为个人和企业提供了一个平台，使其可以将代币资产集中在基于 PoS 的区块链网络上，以换取各种奖励激励。

Lido DAO 允许用户在不锁定资产、超过最低门槛或自行维护 Staking 基础设施的情况下质押代币。在 Lido 加密平台上，激励措施是双重的。连同在第一层网络，Lido DAO 用户通过质押代币获得奖励，该代币与基础质押资产 1 : 1 挂钩。Lido 将这种独特的方法称为"流动性质押"。Lido 官网主页如图 6.5 所示。

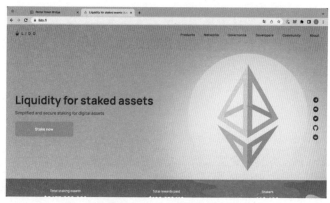

图 6.5 Lido 官网主页

在我们探讨 Lido 独特的质押方法是如何运作的之前，有必要强调 Lido 生态系统的各个组成部分。Lido 质押应用程序、Lido DAO 和本地 Lido DAO 通证（LDO）构成了 Lido 产品的核心架构。

由于 Lido 是一种去中心化的质押协议，Lido DAO 负责治理和维护平台，以及从 Lido 财政部分配资金，并支付开发更新和社区倡议等费用。为了与其 DAO 架构保持一致，所有决策、提议和更新都必须完全透明。

总之，Lido DAO 负责 Lido 质押应用程序的管理和顺利运行。原生 LDO 加密资产为 Lido 的社区成员提供治理权。接下来让我们通过研究 Lido 可以为不同区块链生态系统带来的好处更详细地探讨它的各个组件。

Lido DAO 是如何工作的？

自 2020 年 12 月推出以来，Lido 的重点一直是以太坊质押服务。但是，该平台现在支持在其他区块链上进行质押协议。具体来说，Lido DAO 于 2021 年 3 月推出了对 Terra 的质押服务，于 2021 年 9 月推出了对 Solana 的质押服务。

与其他质押服务提供商不同，Lido DAO 的质押奖励旨在维持资产流动性。例如，当用户质押 ETH 时，他们会收到 stETH 代币。同样，在 Terra 上质押原生 LUNA 代币的人也会收到 stLUNA，而在 Solana 上质押 SOL 的人也会收到 stSOL。利益相关者可以在 Lido 加密生态系统中使用这些衍生代币，包括各种主流的 DeFi 平台，如 Yearn、Curve 和 Maker。例如，stETH 持有者可以将他们的代币存入 Curve 的 stETH-ETH 流动性池，让他们同时获得交易费用、流动性挖矿奖励和 Lido 的以太坊 2.0 奖励。

Lido 加密协议如何使以太坊受益？

尽管使用 Lido 的潜在流动性的优势很明显，但该平台需要克服的具体障碍更值得注意。随着网络转向 PoS 和分片以提高可扩展性，这些挑战在以太坊区块链上尤为明显。尽管每个以太坊 2.0 元素都在并行开发，但有三个元素之间的依赖关系将决定其最终发布日期。

- 信标链（第 0 阶段）：该链于 2021 年 12 月 1 日上线，将 PoS 引入以太坊。然而，截至 2022 年 1 月，Beacon 链尚未集成到以太坊主网中，这意味着以太坊将继续使用PoW直到合并完成。

- 合并（第 1 阶段）：当信标链集成到以太坊主网时，将发生合并。一旦发生合并，用户将需要质押 ETH 来激活负责创建新区块的验证节点。这一阶段计划于 2022 年进行。

- 分片链（第 2 阶段）：合并后，分片链会通过将交易移出主链来扩展以太坊处理交易和存储数据的能力。换句话说，分片链支持第二层解决方案，降低交易费用，同时利用主链增强安全性。这一阶段计划在 2023 年实施。

以太坊质押奖励

尽管这种过渡看起来很简单，但用户想要参与进来还是会面对一些阻碍。例如，用户只能质押 32 ETH 的倍数，这极大地限制了潜在质押者的参与。Lido 通过允许交易者从较小的 ETH 质押存款中获得奖励来解决这个问题，不设最低质押要求。

投资以太坊也需要技术专长。Lido 加密协议可以通过允许用户在不设置验证器节点的情况下进行质押来帮助克服这一障碍。此外，在以太坊 2.0 初始阶段，质押 ETH 的用户在第二阶段实施智能合约和转账之前无法解锁其代币。Lido 通过发行旨在解决资本低效率问题的衍生代币绕过了这一问题。

值得注意的是，Lido 仍必须遵守以太坊的质押要求。该平台通过汇集来自多个用户的 ETH 股份并将其分配给 32 ETH 的倍数的验证节点来实现这种合规性。但是，与其他质押平台不同，Lido 不需要节点存入与质押头寸相等的抵押品才能成为验证者。相反，Lido DAO 选择具有良好资产质押记录的节点，而节点只需要在协议合约中存入一笔资产。选定的节点运营商永远无法获得用户资金，只有 DAO 才可以。使用这种模型，Lido DAO 使平台的资本效率更高。

Lido 和 Solana 区块链

一般来说，Lido for Solana 提供与以太坊质押服务相同的潜在优势服务：流动性质押、简化的用户体验、即时流动性以及可以放大收益的 DeFi 集成。Lido for Solana 是一种由 Lido DAO 管理的流动性质押协议。Lido 用户可以使用该服务质押 SOL 代币以换取 stSOL。这些代币可以使用户受益，因为它们可以在其他 DeFi 协议中交易或用作抵押品，就像 stETH 一样。

Lido 加密团队继续添加与集成在新兴 Solana DeFi 空间中运营的项目，以提高 stSOL 代币的实用性。

Lido 加密货币治理

对于所有质押解决方案，Lido DAO 通过其本地 LDO 加密资产分配管理权。在这种情况下，每个 LDO 代币都拥有一票的权重，这意味着投票权和对决策的影响程度与用户在网络中的股份成正比。然而，Lido DAO 与许多其他 DAO 不同，因为 LDO 投票机制是可调整且可升级的，不会影响 Lido 区块链上其他可适应的协议。换句话说，Lido DAO 可以在不影响平台其他功能的情况下改变其治理结构。

预测市场

预测市场是推测事件结果的人的集合。

从本质上讲，什么是市场？就是人可以在当中买卖东西。同样，预测市场是你可以买卖预测的市场，或者更准确地说，是分享事件的结果。爱荷华州电子市场（IEM）是世界上最著名的预测市场。说到预测市场份额，让我们先来了解一下它是如何运作的。预测市场中有两种类型的股票："是"或多头股、"否"或空头股。

（1）是：如果事件发生，向你支付费用；如果事件没有发生，则不支付。

（2）否：如果事件没有发生，向你支付费用；如果事件发生，则不支付。

支付的金额完全取决于买家愿意购买多少以及卖家愿意接受多少。

可以将预测市场视为事件衍生品，这些衍生品的价值与特定结果的概率成正比。为了更好地理解其工作原理，请看如下示例。

假设投掷了一个骰子，它可以显示 6 个结果中的一个，而赌注是骰子将显示三种结果之一——1、2 或 3，所以在预测市场中，"是"股的权重将等于"否"股的权重。因此，如果正确预测的支出是 1 美元，则买卖双方都同意各支付 50 美分。但是，如果这是一个四面骰子而不是六面骰子呢？现在，掷出 1、2 或 3 的概率突然从 50% 跃升至 75%，这就意味着买家现在必须为"是"支付 75 美分，而卖家需为"否"支付 25 美分。

DeFi 预测市场的基础——群体智慧

群体智慧是指一大群人可以集体做出比个人更明智的决定，这是 DeFi 预测市场背后的核心概念。群众的智慧首先由伟大的哲学家亚里士多德观察到。根据他的观察，集体带来食物的便餐晚餐比一个人制作的盛宴更令人满意。该理论在詹姆斯·索罗维基（James Surowiecki）2004 年出版的《群众的智慧》中获得了进一步的验证。

要使该理论是可运用的，必须满足以下条件：

（1）人群本身必须是多样化的。

（2）他们必须有参与市场的动机。

（3）他们必须做出自己的决定，而不应该相互影响。

群体的智慧案例

既然我们了解了群体智慧理论，现在让我们来看一些实际的例子。

（1）如果我们要猜测一个物体的重量，对一大群人的猜测取平均值，这个值将比熟悉该对象的个别专家的猜测更接近真实数字。

（2）研究表明，在世界杯决赛或世界大赛这样的重大体育赛事中，一群了解这项运动但不是相关球队球迷的人往往可以准确地预测比赛结果。

（3）在电视节目《谁想成为百万富翁》的"问观众"环节中，节目组对演播室观众进行了民意调查，结果发现绝大多数情况下，支持率最高的选项是正确的。

为什么选择 DeFi 预测市场？

先让我们了解一下中心化预测市场存在哪些问题。边界和法规限制了所有中心化预测市场，市场里的运营商和监管机构越多，用户要进入市场就越受限，从而降低了其有效性。中心化市场的投注上限也很低，阻止了想要进行高风险或高回报投资的参与者参与。作为中介，这些市场通常会收取交易费用并从用户的利润中扣除。对于普通用户，这些费用往往会让他们望而却步。最后，缺乏用户会导致参与度降低，进而使这些市场的流动性变差。

DeFi 预测市场的优势

DeFi 预测市场的核心是去中心化，这使其与中心化预测市场相比具有以下几种优势。

没有中央监督者让市场更自由，用户能公开参与进来。任何地方的任何人都可以随时随地投注任何结果。

以前对用户关闭的资产可以通过 DeFi 预测市场访问。例如，某些国家的用户通常无法访问美国股票，但是 DeFi 应用程序可以让他们这样做。

用户也可以根据需要创建自己的市场。DeFi 预测市场没有中介，这就是它消除了交易对手风险的原因，收取的费用也明显减少。开放和自由参与增加了池中的流动性，大大提高了DeFi 预测市场的效力。

DeFi 预测——DeFi的兴起

对创建 DeFi 预测市场至关重要的核心创新是智能合约。智能合约是两方之间的自动协议，是一组使用 IF-THEN-ELSE 逻辑执行的指令。换句话说，指令只能在前面的指令完成后才能执行，这确保了两个人可以签订受代码约束的具有约束力的协议，而不需要律师这样的第三方参与。然而，智能合约本身不足以让这些预测市场正确运行。像 Augur 和 Gnosis 这样的去中心化预测市场有智能合约，可以决定如果发生特定事件，参与者将获得多少报酬。但是，它们怎么知道事件确实发生了或者没有发生呢？为此，我们需要引入预言机。

通过区块链预言机启用 DeFi 预测

预言机是提供智能合约的第三方服务，DeFi 预测市场通过多个预言机捕获有关特定事件的知识，将它们视为法定世界和去中心化世界之间的桥梁。

一般来说，智能合约和区块链存在于一个孤立的世界中。因此，它们对其他世界一无所知。预言机的工作是签署和验证现实世界的状态，并定期将其上传到区块链中。一个以上的预言机可以从多个来源获得所需的信息。现在让我们把所有内容放在一起，看看智能合约和预言机是如何协同工作来创建一个预测市场的。

想象一个只有两个成员的假设市场——小明和小李。在曼联和阿森纳的比赛中，小明相信当小李在阿森纳时，曼联会赢。他们两人签订了一份智能合约并锁定了他们的付款。得到结果后，智能合约将资金释放给胜利者。预言机查询一个受信任的 API 以了解是哪个团队获胜。最后，它将信息传递给智能合约，智能合约根据比赛结果将资金释放给小明或小李。

DeFi 预测市场示例——Augur 和 Gnosis

1. Augur

Augur 是一个基于以太坊的 DeFi 价格预测市场，Augur 交易者使用 ETH 在不同的预测市场买卖股票。根据 DeFi Pulse，Augur 拥有超过 62 万美元的资金。

Augur 可适应各种复杂的市场。最简单的市场是简单的"是 /
否"。这些市场给出以下结果：是，结果已经发生；否，结果
尚未发生；无效，结果无法验证。Augur 有一个名为"REP"
的原生 ERC-20 代币，虽然用户使用 ETH 进行交易，但他们需
要 REP 来创建市场。它允许他们发布未出现的债券、争议市场
结果、购买参与代币。Augur 官网主页如图 6.6 所示。

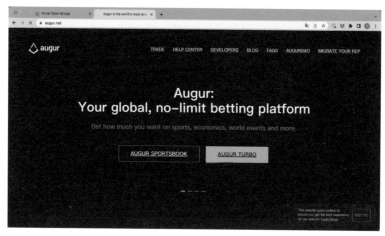

图 6.6　Augur 官网主页

Augur 会对生态系统产生积极影响，例如做出正确的预测、
创造市场和诚实地报告链下事件都会受到激励。这确保了市场
参与者和市场本身的利益是一致的。

2. Augur V2

Augur V2 于 2020 年 7 月 28 日发布，其主要目的是解决用
户体验、入职、做市等几个问题。Augur V2 新引入的功能包括：
以移动为中心的用户界面；做市工具，通过提高整体流动性实

现更便宜、更快捷的订单；可以使用 DAI 而不是 ETH 进行市场结算；无效市场将得到更明确的规范。反过来，这将推进创建更规范、定义更明确的市场。Augur V2 极大地改善了整体用户体验。

3. Gnosis

Gnosis 是另一个基于以太坊的开源协议，用于 DeFi 预测市场。Gnosis 背后的核心思想如下：首先，它允许用户在公开市场上交易代表事件结果的加密货币；其次，原生 GNO 代币的价值取决于用户的预测；最后，它旨在建立一个去中心化的基础设施，用户可以使用它来创建预测市场。

Gnosis 试图通过以下平台来实现其愿景。

Apollo：用户可以创建自己的代币的平台。

Gnosis 生态系统基金（GECO）：允许团队发挥 Gnosis 产品和协议的全部潜力来增加 DApps 的采用率。

DutchX：DEX，供用户交易和拍卖他们的代币。

Gnosis Safe：允许用户与以太坊应用程序交互的本机钱包。

那么，Gnosis 是如何将所有这些平台联系在一起的呢？为此，我们需要查看这三层。

核心层：Gnosis DeFi 预测平台的整个基础是核心层。这一层拥有所有负责为事件、结果代币、结算和各种平台机制提供动力的智能合约。

服务层：这是整个生态系统的主要交互层。这一层有聊天机器人、支付处理器集成、稳定币等，以及任何其他改善生态系统交互的事物。

应用层：这是 Gnosis 面向客户的层。它拥有由第三方使用底层协议构建的所有预测市场 DApps。

结论

DeFi 真正美妙的地方在于，比起传统金融结构，它更具创新性和更去中心化。比如去中心化金融预测市场可以消除中心化市场的缺点，并有更高的参与度和流动性。Augur 和 Gnosis 是目前的市场领导者，但还存在其他一些有趣的 DeFi 预测协议，比如 Helen 和 Omen。

让我们来想象一个人们可以通过玩电子游戏赚钱的世界，人们所赚到的不是传统意义上的游戏币，而是那种能支付账单和真正可以用来吃饭的钱。游戏中的所有资产——角色、服装、武器都可以在现实世界中买卖。

简言之，这就是 Web 3.0 中最热门的领域之一——GameFi 的愿景。一些该领域中最活跃的玩家表示，它离我们的现实并不遥远。

一般来说，游戏存放在一家游戏公司拥有的集中式服务器上，该公司拥有随时关闭游戏世界的隐含权力。更重要的是，玩家对他们通过角色积累的物品没有实际的所有权，比如衣服、武器、奖品。这一切都只存在于游戏世界里，在现实世界中没有任何实际价值。

GameFi 产品并非如此，这要归功于其去中心化的性质和对区块链技术的应用。在游戏中实际拥有数字资产已经不仅酷炫，还能赋予玩家力量。

"如果他们帮助创造了游戏世界的部分价值，也许他们应该分一杯羹，"一名资深评论员说，"我认为这只是我们与数字生活和我们积累的数字物品的关系的新篇章。"

　　Web 3.0 的许多主要参与者都热情地押注于"新篇章"，包括 Telstra Ventures，一个多产的加密公司投资者。

　　这家风险投资公司支持 Web 3.0 代币交易所 FTX，该公司最近推出了自己的游戏部门，它的合伙人亚什·帕特尔（Yash Patel）表示，Telstra 正在积极寻找 GameFi 代币投资，如果代币投资能够实现，将是其有史以来的第一笔非股权投资。

　　"赋予这些资产真正的所有权，这样这些资产就不会局限于一个游戏环境或一台服务器，而是具有真正的流动性和价值，并且可以交易。这一想法允许这些玩家真正通过玩游戏赚取收入。这非常令人兴奋，"Patel 说，"这个市场已经很大了，真是令人难以置信。"

什么是 GameFi？

GameFi 是游戏和金融的组合，它涉及区块链游戏，对玩家提供经济激励，也被称为"玩赚钱游戏"。

通常，玩家可以通过完成任务、与其他玩家战斗或通过各种游戏关卡来获得游戏内的奖励。现在很多赚钱游戏都严重依赖于游戏设计师所说的研磨机制，在这种机制中，玩家必须花费大量时间在游戏中执行重复性任务来推进或解锁奖励，或者说加密货币。

奖励也可以是游戏中的资产，如虚拟土地、化身、武器或服装（也称为皮肤）。在大多数情况下，这些资产是不可替代的代币或 NFT，它们本质上是一种"虚拟契约"，传达了一件数字艺术作品或媒体文件的所有权。与 Web 3.0 代币一样，NFT 在区块链上运行，这意味着它们可以从游戏中被取出并在市场上交易或出售。

GameFi 顶级项目

每个游戏都有自己的模型和游戏经济。在大多数情况下，游戏中的数字资产为其玩家提供了某种货币利益——无论是他们因为赢得了一场战斗而获得了 Web 3.0 代币，或者他们出售了在游戏中购买的 NFT，还是因为他们在虚拟平台上向其他玩家收取土地租金。例如，像 Decentraland 和 The Sandbox 这样的热门游戏专注于虚拟土地所有权，允许玩家购买数字房地产并开发它们，然后向其他玩家收取费用。

一些玩家通过流动性挖矿甚至将游戏资产借给其他玩家，让自己在完全不玩游戏的情况下也能有被动收入。引入这样的机制不仅可以使游戏更加去中心化，而且允许玩家通过 DAO 影响实际游戏的开发。

例如，Decentraland 玩家根据他们钱包中连接到 DAO 的相关资产总数获得对游戏内组织政策的投票权，其中包括 MANA 代币、名称（名称在游戏中是一种允许用户用代币交易的资源）和虚拟土地。玩家拥有的 MANA、名称和土地越多，他们在游戏中获得的个人利益就越大，从而使他们在 DAO 中获得更大的影响力。

当然，代币经济学因游戏而异，但大多数制作这些游戏的工作室都通过代币销售筹集资金。游戏设计包括这些代币是如何分配的、它们是如何解锁的，以及它们是否有限。其中许多游戏都建立在以太坊、Solana 和 Polygon 之上，Polygon 是以太坊之上的第 2 层链，可提供速度更快、成本更低的代币交易。

"当你在这里谈论基础设施时，它实际上是围绕你正在构建的区块链类型，"帕特尔说，"其中许多可以赚钱的游戏本身几乎就是虚拟经济。"

Decentraland

Decentraland 是顶级 GameFi 项目之一，在 2017 年进行了 2400 万美元的首次代币发行之后推出。它于 2019 年推出内测版，并于 2020 年 2 月向公众开放。用户可以在他们的地块上创造许多体验，包括互动游戏、庞大的 3D 场景和各种互动体验。

Decentraland 使用两种代币：MANA 和 LAND。MANA 是一种 ERC-20 代币，必须烧掉它才能获得不可替代的 ERC-721 LAND 代币。MANA 代币还可用于购买 Decentraland 市场上的一系列头像、皮肤、名称等。

该地图有 300×300 的整齐网格组织，大约有 90,000 块土地（地块）。用户建立的兴趣点包括用于会议的加密谷、人类大小的棋盘、曾用于直播 Space-X 发射的场所、有现场直播的蹦迪大厅、新闻发布会等。

The Sandbox（沙盒）

Pixowl 于 2011 年推出的另一个顶级 GameFi 项目 The Sandbox 是一个基于区块链的虚拟世界，允许用户以游戏的形式制造、构建、购买和销售数字资产。通过结合 DAO 和 NFT 的力量，The Sandbox 为蓬勃发展的游戏社区创建了一个去中心化平台。

The Sandbox 与 Atari、SCMP、Snoop Dogg、行尸走肉、GameFi Ventures 等大品牌和名人建立了许多合作伙伴关系。在

2021 年年末的 Alpha 版发布期间，有 20 万精选玩家获得了早期访问 The Sandbox 虚拟世界的权限。据报道，用户的整体体验非常积极，受邀者累计玩了 15 万个小时。

The Sandbox 有自己的实用代币 SAND，它可以在整个沙盒生态系统中用于交易和交互。SAND 的供应有限额，只有 30 亿个。投资 The Sandbox 的方式之一就是通过 SAND 进行投资，该项目处于与元宇宙相关的创新前沿。

Axie Infinity

Axie Infinity 是一款基于区块链的交易和对战游戏。受 Pokémon 和 Tamagotchi 等流行游戏的启发，Axie Infinity 允许玩家收集、繁殖、饲养、指挥战斗和交易被称为 Axies 的基于代币的生物。

这些 Axies 可以有多种形态，有超过 500 种不同的身体部位可供选择，包括水生、鸟类、昆虫、爬行动物和植物的部位。每种类型的部位都有四个稀有度等级：普通、稀有、超稀有和传奇。Axies 的身体部位可以进行任意组合，这使得它们高度可变，以保持其稀有和独特性。

AXS（Axie Infinity Shards）是 Axie Universe 的 ERC-20 治理代币。该项目使用 AXS 激励措施更好地协调游戏玩家和开发人员，例如奖励与 Axie Infinity 互动的玩家。同时，持有代币又可以让他们获得额外的奖励。

Enjin

Enjin 不是一个特定的 GameFi 应用程序，而是一个生态系统范围的解决方案。这个顶级 GameFi 项目旨在为电子游戏行业的一些问题提供解决方案，包括单个游戏的生态系统和其他游戏的生态系统互相隔绝这一问题。

由于大多数发行商允许玩家以固定价格从官方商城购买独家游戏内资产，因此用户在玩电子游戏时无法出售他们购买或赚取的东西。这导致了用于交易游戏内资产的未经授权的二级灰色市场的出现，交易的金融通常低于官方价格，这最高可能会夺走开发商 40% 的收入。

Enjin 旨在通过对游戏内资产进行代币化并注入项目的原生代币 ENJ 来解决上述问题。在将 ENJ 注入后，这些项目会自动转换为 ERC-1155 代币，这是一种基于以太坊的代币标准，允许创建者通过单个智能合约发行可替代代币和 NFT。凭借广泛的生态系统，Enjin 通过将游戏资产代币化并将 NFT 带入快速发展的电子游戏行业，为游戏玩家引入了创新的区块链解决方案。

现在 Enjin 是与三星、微软和育碧等多家知名科技公司合作的顶级 GameFi 项目之一。

Gala Games

Gala Games 是少数几个顶级 GameFi 项目之一，旨在让玩家控制他们的游戏，来引领游戏行业的新方向。这家公司以"乐

趣第一"为目标，并用简单的机制构建游戏，用户甚至不需要
具备区块链知识即可玩游戏。它还积极参与游戏开发的用户社
区互动。

玩家拥有 NFT 并影响 Gala Games 生态系统中的游戏治理。
创始人节点投票机制允许玩家影响 Gala Games 应该开发哪些游
戏以及哪些游戏应该获得资金。除了为特定游戏购买 NFT 外，
Gala Games 还使用自己的实用代币 GALA。目前 Gala Games
项目已经发布了一款可玩游戏 Town Star 和一个 NFT 收藏系列
VOX。未来计划推出更多游戏，如奇幻 RPG 游戏、科幻策略
游戏和塔防游戏。

详解 Axie Infinity 项目

简单来说，Axie Infinity 是一款基于区块链的游戏，玩家可
以在其中购买有趣怪物的 NFT，然后让它们在战斗中相互对抗。
玩家也可以在游戏过程中赚取 SLP 代币。围绕游戏还出现了"以
游戏为生"的运动，玩家可以加入奖学金计划和学院。

艺术品和视频等 NFT 加密收藏品在 2021 年年初大受欢迎，
但在它被大多数人注意到之前，已经有几款基于区块链的电子
游戏在该领域上建立起来。

当 NFT 成为主流时，独立工作室 Sky Mavis 开发的加密游
戏 Axie Infinity 起飞了。即使在这些炒作与 NFT 市场有所降温
时，Axie Infinity 的发展脚步也没有停下。

Axie Infinity 的灵感来自任天堂深受喜爱的神奇宝贝系列。玩家可以在卡通式的战斗中收集可爱的怪物并指挥它们战斗。然而，入门游戏并不简单，且与普通的 PlayStation 或 Xbox 游戏相比，需要的前期投资要多得多。不过好处是玩家拥有自己的 Axie NFT 并且可以转售它们，而且游戏以"玩游戏赚钱"的方式奖励玩家，玩家可以兑换加密代币。

什么是 Axie Infinity?

Axie Infinity 是一款怪物对战游戏，其官网主页如图 7.1 所示，它在 Ronin 的帮助下在以太坊区块链上运行，其中 Ronin 是一种有助于最大限度地减少费用和交易延迟的侧链。Axie Infinity 主要专注于回合制战斗，玩家可以与计算机控制的 Axie 团队或通过互联网与在线的其他人进行对抗。

图 7.1　Axie Infinity 官网主页

游戏中的物品由 NFT 表示。这些 NFT 可以链接到数字内容，即游戏中的 Axies 和地块。与传统的游戏内物品不同，NFT 将所有权授予买方，玩家可以在游戏市场上以真钱交易 Axies。

Axie Infinity 如何工作?

如前文所述，Axie Infinity 完全围绕 NFT 项目构建，要玩这款游戏，玩家需要购买三个 Axie NFT，以创建第一个 Axies 团队。

玩家可以通过连接到游戏的 Ronin 钱包从 Axie 官方市场购买它们。玩家可以在 Window、Mac、Android 或 iOS 系统上玩游戏，并将其 Axies 投入战斗以赢取奖励。

Axie Infinity有什么特别之处?

Axie Infinity 中的 Axies 在所有权上属于玩家，并能产生实质的回报，即 SLP 代币，可以兑换成金钱。前期成本可能会让许多玩家望而却步，但是玩家投入的时间和精力越多，获得奖励也就越多。

"为了赚钱而玩"可能听起来像是一个营销用语或一个噱头，但围绕游戏形成的经济体系是不可否认的证据。

例如，Yield Guild Games 等项目有成千上万的"Axie 学者"，其中 Axie 所有者将他们的 NFT 借给其他玩家使用和赚钱，利润在各方之间分配。在菲律宾和印度尼西亚等国家，有人通过玩 Axie 来养家糊口。这是不是一种可持续的模式还有待观察，但它确实是一个富有生命力和革命性的想法，而且已经付诸实践。

如何开始使用 Axie Infinity?

需要准备三个 Axie NFT 才能开始玩 Axie Infinity,市场上单个 Axie 的价格曾经徘徊在 225~250 美元,而现在最便宜的 Axie 只需 28 美元。另外,你可以转售 Axies,并且可以通过游戏获得奖励。

现在 Axie Infinity 已将资产从以太坊迁移到其 Ronin 侧链,你将需要创建一个 Ronin 钱包并拥有一个以太坊钱包(如 MetaMask)。设置 Ronin 钱包后,你可以使用 Ronin 桥将 ETH 转移到 Ronin,在那里将它转换成 WETH(Wrapped ETH)。然后,你可以使用它来购买 Axies。

在 Axie Infinity 网站上创建一个账户,然后将游戏下载到你的智能手机或计算机上。该游戏还可以通过 Apple 的 TestFlight 程序在 iOS 上访问 beta 版本。

无论你选择哪个版本,都需要将 Ronin 钱包与你的账户配对,然后将你的 Axies 从钱包同步到游戏,才能开始玩。

什么是 AXS 代币?

AXS 是 Axie Infinity 的原生治理代币。目前,你可以使用 AXS 支付繁殖费用。未来,AXS 持有者将能够对有关游戏及其未来发展的决策进行投票,以及质押 AXS 代币以在游戏中获得奖励。

随着时间的推移,Axie Infinity 计划逐步转变为 DAO,以实现社区治理。

玩家还不能在游戏中使用 Axie 的土地，但它很受欢迎，2021 年 11 月，一块 Genesis 土地以破纪录的 248 万美元被售出。

未来展望

Axie Infinity 在 2021 年 6 月下旬大爆发，就在 Ronin 过渡和宣布由马克·库班（Mark Cuban）和亚历克西斯·奥哈尼安（Alexis Ohanian）等人参与的 750 万美元 A 轮融资完成后不久。Sky Mavis 还得到了主要游戏发行商育碧的支持，育碧在其企业家实验室加速器计划中指导了团队，并帮助推动了 Ronin 的发布。2021 年 10 月，由安德森·霍罗威茨（Andreessen Horowitz）领导了 B 轮融资，据报道 Sky Mavis 的估值接近 30 亿美元。

到 2021 年 9 月，Axie Infinity 的 NFT 总交易量已经超过 20 亿美元（到 2022 年 3 月，这一数字已高达 40 亿美元），长期玩家在 2021 年 9 月获得了 6,000 万美元的 AXS 代币空投奖励；一个月后 Axie Infinity 为 AXS 推出了质押服务。2021 年 11 月，Axie 的 Ronin 侧链添加了自己的 DEX Katana，使 Axie 玩家无须桥接到以太坊即可轻松地交换代币。尽管从 2021 年 12 月到 2022 年第一季度，Axie Infinity 的代币价格和 NFT 交易量下降，但它开始实施经济变革试图对抗这种下跌。例如，在奖励代币的价格跌至不到 1 美分后，游戏现在发行的 SLP 代币明显减少。

玩家对赚钱的兴趣激增，而改进 Axie Infinity 的用户体验和入职流程就成了 Sky Mavis 的首要任务。联合创始人亚历山大·伦纳德·拉森（Aleksander Leonard Larsen）强调，超过一半的 Axie 新玩家以前从未使用过任何加密应用程序，并指出

"现在开始玩 Axie 真的很难"。作为此次大规模修正维护计划的一部分，Axie Infinity 计划最终推出了一种无须玩家预先购买 Axies 的游戏方式，即为新用户提供具有"有限收入潜力"的不可转让 Axies。

引发担忧

游戏可以赚钱，但也引来了黑客的攻击。2022 年 3 月，Axie 生态系统遭受到黑客的攻击，价值约 5.52 亿美元的 ETH 和 USDC 稳定币从连接 Axie 的 Ronin 侧链到以太坊的桥上被盗。Sky Mavis 承诺要么收回资金，要么偿还用户。袭击发生近一周后，已有价值 6.22 亿美元的资金被盗。

游戏扩展路线图的下一步是开发基于其土地 NFT 的游戏玩法，让玩家自定义地形并开发可共享的体验。这是另一个有助于扩展 Axie Infinity，使之超越简单地与怪物作战和繁殖怪物的玩法的方向。计划在 2022 年进行的其他更新包括扩展 AXS 生态系统、扩大游戏收入奖励，以及发布其在 iOS 和 Android 设备上的主流版本。

详解 GALA Games 游戏平台

由于 Axie Infinity 这款元宇宙游戏取得了巨大的成功，以及媒体对其进行炒作，加密游戏行业吸引了大量的资金和关注。然而，"可玩性"仍然是这些游戏的主要问题，因为大多数加密游戏还停留于代币经济学阶段，更注重如何让玩家在其中消费或赚钱，而不是提供有趣和愉快的游戏体验。

除了刚刚提到的"边玩边赚钱"、NFT 以及代币经济学等因素之外，它们与传统的游戏没有任何区别，甚至不如传统的游戏，缺少传统游戏具有的特定情节、极佳的视觉效果体验和一些让人上瘾的游戏玩法。比如 Axie Infinity 以其重复的游戏玩法而闻名，在游戏玩家口中被称为"研磨"。而另外两款元宇宙游戏，The Sandbox 和 Decentraland 并没有真正提供吸引人的玩法。在众多游戏中，有一个项目值得关注，它实际上并不是游戏，而是一个平台。

Gala Games 将自己定位为一个游戏区块链生态孵化者。它的经济驱动剂是根据以太坊区块链上的 ERC-20 标准创建的 GALA 代币。同时它也兼容币安智能链。

Gala Games 的去中心化生态系统旨在让游戏玩家真正掌握自己的游戏资产。由于区块链的技术特性（去中心化的特点），玩家不仅完全拥有自己的游戏资产，而且有权影响整个项目（投票权）。玩家将通过特定的投票机制来决定 Gala Games 平台应该添加哪些游戏。

Gala Games 生态系统包括五个组成部分：游戏、游戏发布平台、NFT 市场、游戏云托管服务和平台自身的代币经济学。

Gala Games游戏平台：一切的结合

Gala Games 是一款类似于 Steam、PlayStation Store 或 Xbox Store 的平台，但与这些平台不同的是，Gala Games 不依

赖传统的玩游戏赚钱的方式，而是结合了 P2E 机制、NFT 等玩法的 DeFi 平台，换句话说，玩家不仅可以在游戏内自由发挥，而且可以赚钱。

正因为它具有 DeFi 的属性，玩家可以真正决定添加什么游戏到 Gala Games 平台中来。玩家的投票结果会同步到 Gala Games 的所有节点。除了游戏选择之外，用户还可以影响平台本身的发展，例如决定添加什么功能，以及给开发人员指导、增加创意细节、修复 Bug。

2022 年 2 月，Gala Games 的用户决定将类似于 PUBG 的名为 GRIT 的游戏添加到平台中。

Gala Games 的第二个重要组成部分是创建基于区块链和 NFT 的电子游戏。为此，该公司将单独开设一个部门，专门开发区块链游戏。

"对我们而言，最关键的目标是将游戏和玩法放在首位，然后才是其他任何事情。我们相信游戏和游戏玩家应该始终处于游戏生态系统的最前沿。这就是我们专注于 AAA 级游戏开发的原因。仅在 1 月份，我们就部署了超过 1.5 亿美元的资金来为该平台收购游戏。值得注意的是，这些都是由拥有数十年游戏开发经验的团队所打造的 AAA 级游戏。" Gala Games 区块链总裁贾森·布林克（Jason Brink）曾在相关媒体上表示。

Gala Games平台上的游戏

Town Star 结合了农业模拟游戏和城市模拟游戏。它也是 Gala Games 平台上目前唯一可以以完整的形态提供给 PC 玩家的游戏。2021 年 10 月，Town Star 添加了 NFT 和 P2E 功能，允许玩家通过参加每周锦标赛、完成日常挑战和获得特殊奖励来赚钱。如图 7.1 所示。

图 7.1　Town Star

Spider Tanks 是一款 PvP 射击游戏，如图 7.2 所示。游戏的玩法主要是把玩家分成两队蜘蛛坦克，然后玩家进行竞技。这款游戏的特点是玩家可以修改蜘蛛坦克的各个部件,诸如底盘、武器、皮肤等，每个部件都是一个 NFT，也都可以在 NFT 市场自由交易。该游戏目前处于测试阶段，可以在 PC 上运行。

Mirandus 是目前 Gala Games 平台中中最受期待的游戏。该游戏是一款奇幻角色扮演游戏（RPG），有着丰富的玩法，玩家不仅可以与怪物战斗，也可以创建城市等。同时，它坚持了 Gala Games 平台一贯的定位，游戏中的每一个王国、城市、角色、武器和盔甲都是玩家可以购买的 NFT。

《行尸走肉》一款以美剧《行尸走肉》世界观为背景的多人生存竞技游戏。玩家需要杀死僵尸，收集物资并建造房屋。

但该游戏发布日期尚未公布，目前仍然处于开发阶段，预计未来将在 PC 端发布。

图 7.2　Spider Tanks

《重生传奇》（Legends Reborn）是一款卡牌游戏，玩家需要建立幻想生物的牌组（集合）并与对手作战。与《炉石传说》等类似游戏不同，《重生传奇》中的所有生物都不会以卡片形式呈现，而是以 3D 角色的形式呈现。此外，用户能够拥有玩家在其中战斗的运动场。该游戏发布日期尚未公布。

《帝国的回声》是一款科幻策略游戏。玩家可以招募英雄、雇佣军队、收集资源，并建造、购买和升级星际舰队。《帝国的回声》有两种游戏模式：单人模式和团队模式，在创建公会或加入公会后可用。

据 Gala Games 团队介绍，《最后的远征》（Last Expedition）将是一款基于区块链和 NFT 的 AAA 级第一人称射击游戏。《最后的远征》由著名的游戏工作室 Certain Affinity

开发，该工作室参与过《使命召唤：战争世界》和《光环》的制作。此外，《光环》系列游戏是《最后的远征》的灵感来源。该游戏的发布日期尚未公布。

Fortified 是一款 PvP 塔防游戏，玩家可以使用他们拥有的各种资产来测试他们的策略。同时，在游戏中，玩家也可以建造、发展和保卫他们的城市，以及突袭其他玩家的定居点。Fortified 的发布日期尚未公布。

Legacy 是一款城市建设模拟游戏。在 Legacy 中，玩家将能够组织资源生产链并在市场上出售，从而最大化他们的利润。

平台代币经济学和P2E模型

GALA 在以太坊上以 ERC-20 代币的形式存在，在 BNB 智能链上以 BEP-20 代币的形式存在。2022 年，该平台计划迁移到自己的名为 GalaChain 的链上。据项目团队称，这将提高交易速度，降低成本，并解决以太坊的许多阻碍项目长期发展的扩容问题。

在该项目的官方网站上，对该平台的代币经济学模型的介绍很少，内容也不清晰，我们目前可以知道的是 Gala 代币将可以用于购买 NFT 以及支付运行节点的许可证费用。同时，每个游戏项目将都能推出自己的代币，可以在 Gala Games 市场以及加密货币交易所上交易。

Gala Games 声称，任何玩家不仅可以玩自己的游戏，还可以在没有任何投资的情况下赚钱——毕竟这些都是免费的 P2E 游戏。然而，这部分表述并不完全正确。例如，如果玩家玩

Town Star，玩家可以通过完成任务或赢得每周锦标赛获得该游戏项目的代币，这看起来并没有什么问题，但是，为了完成任务，玩家需要拥有游戏规定的 NFT，而且这个 NFT 只有在 Gala Games 网络中拥有一级账户的玩家才能购买。因此，它与其他非游戏类项目的 NFT 质押非常相似，这意味着一个玩家想要参与其中，首先需要花费一定的金钱（并非官网所宣传的那样可以在没有任何投资的情况下赚钱）。

参加锦标赛也有不公平的部分，因为拥有特殊 NFT 的玩家比其他玩家更有优势。例如，拥有特定的建筑物 NFT 可以为资源生产提供奖励或降低成本。因此，没有这些 NFT 的玩家不太可能赢得比赛并因此赚取真金白银。这种机制不能被称为"玩游戏赚钱"，它更像是一种"以钱生钱"的模式。

Gala Games的发展前景

Gala Games 现在拥有 130 万活跃玩家，这些玩家购买了超过 26,000 个 NFT，最昂贵的 NFT 甚至高达 300 万美元。尽管这些数字证明了该项目目前取得了相当大的成功，不过，Gala Games 的中长期前景仍然不明确。

事实上，即便是传统的游戏开发也是一个非常复杂且成本高昂的过程，而且其结果不可预测。历史上也常有这样的例子：一款非常有前途的游戏，拥有优秀的开发者和无限的预算，在发布后遭遇滑铁卢。因此，我们很难预测该行业中任何一家公司的未来。

事实证明，Gala Games 的前景完全取决于其游戏的是否成功。如果平台聚集了足够多的用户并且在财务上取得了成功，那么这家公司就会存活下来。

简单了解 Enjin 链上游戏开发工具

Enjin（ENJ）是由同名公司创建的一种通证，它是世界上最大的 NFT 市场的支柱之一。本节将介绍 Enjin 的工作原理和优势。

Enjin 是一家致力于将区块链和 NFT 引入电子游戏的公司。这家总部位于新加坡的公司自成立以来一直专注于通过区块链技术为游戏开发者创建社区、服务和工具。

Enjin 开发了基于以太坊的工具，创建了 Enjin 社区，并创建了标准 ERC-1155，这是一种将最好的代币 ERC-20 和 ERC-721 汇集到自己的智能合约中的代币。ERC-1155 是一种高度灵活的代币类型，电子游戏领域的区块链开发平台的构建正是基于该通证。

Enjin 的历史和起源

Enjin 的故事始于 2009 年，当时马克西姆·布拉戈夫（Maxim Blagov）（首席执行官）和维特克·拉多姆斯基（Witek Radomski）（首席技术官）决定推出 Enjin Network——一个社区游戏平台。该平台目前在全球有超过 2,000 万用户。然而，随着 2017 年加密货币和 ICO（首次代币发行）的繁荣，Enjin

决定转向区块链领域。这是一个由特别目标驱动的决定，即将电子游戏和区块链世界联合起来，创建独特的生态系统。

Enjin 的想法并不新鲜，因为它试图让虚拟世界拥有更真实的经济体系。在它制作游戏中的角色对象的同时，所做的一切都可以在不同的虚拟宇宙之间传输或共享。通过这种方式，这些对象可以作为具有独特价值的收藏品进行交易或存储。

这一目标促使 Enjin 于 2018 年 8 月 21 日发起 ICO，并成功筹集了 1,890 万美元。这次 ICO 推动其代币 ERC-20 于 2018 年 8 月 28 日首次推出。不过，这只是 Enjin 开启的长远创新计划中的第一步，它为游戏世界创建了独特的区块链工具和服务。

随着 Enjin 平台的推出，Enjin 提出的 ERC-1155 标准被以太坊社区和开发人员所接受。使得 Enjin 平台能够同时支持发行同质化代币和非同质化代币。

此后，Enjin 一直努力成为电子游戏领域里的区块链世界的技术标杆，不仅通过创建一个平台来统一两个世界，还通过像 Minecraft 这样的游戏展示其技术。它甚至在开发可扩展性选项和区块链技术方面又迈出了一步，旨在使这种联合变得简单，以利于游戏开发人员的工作。

Enjin是如何工作的?

要了解 Enjin 的工作原理，你必须首先了解其目标：将电子游戏的虚拟世界与区块链结合起来，以便能够将这些虚拟世界的对象转移到真实市场或其他虚拟世界中。

　　想象一下以下场景：你是游戏 A 的玩家，在虚拟世界中拥有独特的角色和物品。你十分珍惜这些资产，因为你已经在它们身上投入了数百甚至数千小时。但是，在某一时刻，游戏开发人员决定是时候关闭游戏服务器，让游戏 A 的虚拟世界消失了。这个决定对你来说只意味着一件事：你将失去一切。所有花费的时间将在服务器断开连接的那一刻变得一文不值，而你拥有的角色和物品也将随之消失，就好像从未存在过一样。这是一种令人非常悲伤和不安的情况。

　　但是，如果你可以将 NFT 之类的角色和对象移动到以太坊区块链上呢？在这种情况下，你将能够存储这些字符、它们的属性和对象。即使游戏服务器再也没有上线，你也仍是它们的所有者。不仅如此，你还将拥有一个收藏品，一段在游戏世界中的记忆。

　　你有三种选择。第一种是让这些对象知道它们将永远存在于区块链上。第二种是参与一个 NFT 市场，提供你的持股并从中赚取一些钱。第三种是利用 Enjin 技术将你的 NFT 的属性转移到其他类似游戏 A 的游戏中。最后一种选择允许你恢复你所拥有的部分资产并将其集成到另一个虚拟世界的新角色中。

　　如果你理解了这个场景，那么你就会理解 Enjin 的精神、这项技术的潜力以及它是如何以非常基本的方式工作的。它将会给游戏开发规则带来彻底的改变。

Enjin的基础设施——GraphQL和可信云

　　Enjin 的技术要复杂得多。首先，Enjin 并不寻求为每个游戏创建区块链，而是允许开发人员使用 SDK 和 API，以便他们根据需要访问相应功能。因此，如果你创建了一个角色，游戏将生成相应的区块链交易来生成 NFT，并随着它的发展而更新它。

为此，Enjin 创建了一种使用 GraphQL 的解决方案，GraphQL 是一种由脸书创建的基于 API 的数据操作和查询语言。GraphQL 的优势在于这种语言的运行速度很快，因为它允许通过简单的查询向开发人员提供来自多个标签和属性的信息。此外，GraphQL 通过简化访问这些资源的方式，促进了虚拟世界和智能合约区块链之间的交互。

虽然 GraphQL 是 Enjin 的基础，但要将游戏与区块链互联还需要一个桥梁，而该功能由 Enjin 的可信云（Trusted Clond）来实现。可信云是一项后端服务，允许使用 Enjin 网络 SDK 和 API 的游戏与以太坊区块链互联。为此，可信云接收游戏中所有参与者（服务器和客户端）发出的所有调用和请求，并将它们转换为预期的响应（用户识别、访问区块链数据、代币持有信息等）。在这一点上，可信云是 Enjin 网络、虚拟世界、区块链及其 Enjin 钱包的纽带的支柱。

然而，Enjin 的可信云在社区中有一个缺点：它是一种集中的闭源解决方案。这意味着允许 Enjin 工作的所有服务器代码（处理请求并将游戏与区块链互联）都是专有代码，因此不能公开发布。这种决定是可以理解的，但违背平台的开放性原则。不过，平台的 SDK 和 API 是完全开放的，用于控制平台的智能合约也是如此。

平台的钱包——Enjin钱包

Enjin 钱包允许游戏和区块链之间发生交互，因为每个 Enjin 钱包都将以太坊地址直接链接到 Enjin 平台上的用户身份。通过这种方式，使用 Enjin 网络存储在游戏中的每个项目都会被快速转换为 ERC-1155 代币（可替代或不可替代），而且用户可以在他的钱包中验证自己的代币是否确实在自己的控制之下，因为平台不托管代币。

此外，与区块链的每次交互都需要支付少量佣金，你需要在其中花费 ENJ 代币。这样，每个交互、对象或角色都具有一定的价值，从而在游戏中发展出了实体经济。这不仅为用户增加了价值，让他们可以通过自己的财产（角色、物品、硬币等）获取大量价值，而且游戏开发者可以通过一种全新的、积极的方式为平台获利。

通过这种方式，Enjin 试图解决当前游戏中存在的一大问题：货币化。这使你可以以不同的方式解决诸如小额支付和游戏模式之类的问题。同时，盈利价值不仅来自开发者，也来自社区本身。

Efinity 和 JumpNet——Enjin 的下一个进化方向

Enjin 面临一个严重的问题，以太坊的可扩展性如此之低，以至于在游戏中几乎是无法实现 Enjin 技术普及化的，而且所有这一切问题都有一个原因：网络中的佣金太高了。

Enjin 的模式依赖于与区块链交互的低支付费用，如此一来，用户不用花钱就能玩游戏。为了解决高网络佣金的问题，Enjin 开始开发名为 "Efinity" 的以太坊扩展解决方案。这项技术将在 Enjin 平台内使用，以使 Enjin 网络内的交易成本更低。所有这一切都无须离开以太坊生态系统。同时，Enjin 还创建了一种跨链支付解决方案——JumpNet，从而吸引了其他链的价值。

目前，JumpNet 是 Enjin Network 生态系统中的一种积极解决方案，但 Efinity 仍是一个开发项目，已预留 1 亿美元资金用于构建去中心化元宇宙。正如其白皮书中所解释的，它将作为该网络中的平行链建立在 Polkadot 之上。借助 Efinity，Enjin 将成为 Polkadot 内 NFT 的生态系统，这意味着 Efinity 将是一个非常高速且高性能的侧链，每笔交易的成本可以低于 0.000001 美元，每秒能处理 700 ～ 1,000 笔交易。

详解 The Sandbox

The Sandbox 是一款基于以太坊的元宇宙游戏，用户可以购买虚拟土地并通过可玩的游戏和体验对其进行自定义。

现在不少名人和品牌纷纷涌入该领域，包括史努比狗狗、阿迪达斯、帕丽斯·希尔顿、行尸走肉、古驰等。

提到元宇宙，自从脸书更名为 "Meta" 并公布了自己对元宇宙的愿景以来，围绕沉浸式未来互联网的各种想法和猜测激增。但其实多年来，加密货币创造者一直在向元宇宙发展。

该领域最受期待的项目之一是 The Sandbox，这是一款基于以太坊的电子游戏，让用户以 NFT 的形式拥有虚拟世界的一部分，他们可以使用这些地块开发自定义游戏，甚至通过它们获利。它类似于 Decentraland，尽管它具有更多明显的电子游戏的特征。

什么是The Sandbox?

The Sandbox 是计算机和移动设备上的开放世界电子游戏，让玩家可以自由探索包含数千种独特体验的地图。它看起来有点像微软公司红极一时的 Minecraft，有着一个复古的像素风格的 3D 世界，但 The Sandbox 还有一个持久和共享的在线地图。

但是，在地图上创建大部分位置和游戏的并不是游戏的原始开发者，游戏中的每个地块都是一个 NFT，玩家可以购买地块并在上面创建自定义体验。有些地块将由品牌或社区运营，而另一些可能由希望在这个元宇宙中开辟自己的个人空间的个人创作者管理。

The Sandbox 首席运营官将以太坊元宇宙游戏视为"数字国家"，随着人们对加密游戏的兴趣日益浓厚以及脸书大力进军虚拟世界，数字土地销售业正在蓬勃发展。但是基于以太坊的元宇宙游戏，例如 The Sandbox、Decentralard 在元宇宙概念被大肆宣传前已经预热多年。

我们很可能会在 The Sandbox 的世界中看到虚拟活动，包括由史努比狗狗和华纳音乐集团艺术家举办的活动，以及 NFT 发布派对和其他现场体验。它可能成为各种 Web 3.0 社区的沉浸式中心。

什么是元宇宙?

虚拟世界是指未来的、人们可以身临其境的互联网世界,人们通过共享 3D 空间中的化身来体验它。这个潜在的未来网络世界的支持者认为,我们将在虚拟世界中进行社交、购物、娱乐甚至是工作。

话虽如此,"元宇宙"一词及其具体实现方式目前还比较模糊。对于加密货币建设者来说,元宇宙意味着一系列基于区块链技术的世界,这些世界通过开放、可互操作的技术实现。在这种类型的环境中,虚拟形象、虚拟服装和其他物品等 NFT 资产可以在虚拟世界和游戏中使用。

NFT 就像一件物品的所有权契约,比如艺术品、视频、个人资料图片和电子游戏物品等数字商品。在更广泛的 NFT 市场中,游戏是一个不断增长的领域,玩家在其他游戏(如 Axie Infinity 和 Zed Run)中使用 NFT 来获取游戏内资产。

虽然 Web 3.0 的倡导者强调了建立在区块链技术上的开放、可互操作的元宇宙的潜力,但尚不清楚进入该领域的科技巨头是否像 Meta 一样拥有这样的雄心——尽管该公司确实在其演示中强调了 NFT。Meta 和其他大型中心化玩家可以转而专注于虚拟现实(VR)和增强现实(AR)体验,但互操作性有限。

地块(LAND)如何运作?

LAND 就是 The Sandbox 所说的虚拟地形地块,它的地图非常大，有 166,464 个单独的地块。每个地块都由以太坊 NFT 代表，可以在市场（如 OpenSea）上自由交易和转售。有不同大小的土地，包括庄园，可以容纳更大的场所和体验。

如果你拥有一个地块，那么你可以在上面建造任何你想要的东西：互动游戏、虚拟会议空间等。The Sandbox 推出了构建工具，让创作者可以设计地形并构建游戏机制，你甚至可以选择将你创建的体验货币化。如果你愿意，也可以购买很多地块并将其出租给其他建筑商。

The Sandbox 于 2012 年首次作为开放世界手机游戏诞生，由同一位创始人创立，尽管没有任何区块链或 NFT 元素。而目前的最新版本是一款全新的游戏，玩家能够在共享的游戏世界中拥有个人空间，他将能够四处闲逛并访问其他玩家创建的空间。有了这些玩家的创造性活动与交互，游戏世界可以不断发展。

对于创作者来说，这是一个制作游戏并与其他玩家分享的机会。对于土地所有者来说，这也是一个潜在的赚钱机会。对于 NFT 和 Web 3.0 社区的粉丝来说，它提供了一个共享空间，让他们沉浸在元宇宙文化中，并与其他志同道合的玩家互动。

谁入驻了The Sandbox?

在过去的几年里，The Sandbox 积累了越来越多的合作伙伴，我们已经提到了史努比狗狗、阿迪达斯、《行尸走肉》和游戏发行商育碧、帕丽斯·希尔顿。以下是该领域的其他一些合作伙伴：《蓝精灵》、雅达利、华纳音乐集团、《女性世界》、Deadmau5、古驰、《南华早报》（SCMP）、游戏制造商史克威尔艾尼克斯、金属乐队 Avenged Sevenfold、Care Bears 和电视连续剧《地狱厨房》。

另外，惠尔·沙克（Whale Shark）和 Pranksy 等加密货币收藏家也加入了 The Sandbox，而 Gemini、Binance、Ledger 和 Socios 等加密货币品牌也在其中。

未来的计划

The Sandbox 尚未宣布开放所有游戏体验的确切日期。在全面发布之前，该游戏于 2021 年年底开始开放有限的"Alpha"游戏测试窗口。

目前 The Sandbox 已经有了两个 Alpha 游戏测试期，每个测试期持续数周，并向公众开放一小部分精选体验。现在有超过 35 个不同的世界可供探索，包括来自史努比狗狗和《南华早报》的体验，以及以《女性世界》图像为基础的 NFT 博物馆。

虽然玩家可以自由探索和体验 The Sandbox 世界，但只有购买了 Alpha Pass NFT 的玩家才有资格在完成任务后获得代币奖励。换句话说，你必须先花钱才能赚钱（代币），但游戏本身是免费的。

在我们探索 Alpha 世界的过程中，我们发现最引人入胜的体验是那些沉浸在 NFT 和 Web 3.0 文化中的体验，例如前文提到的博物馆和一个装饰有 NFT 艺术品的舞蹈俱乐部。

此外，具有更复杂的游戏机制（比如战斗和跳跃）的游戏有时会让人觉得机制笨拙且粗糙。不过，随着更广泛的游戏世界的形成和更多建设者的加入，必将有更多种类的内容可供观看和娱乐。希望游戏质量会随着时间的推移而不断提高。

The Sandbox 目前在以太坊主网上拥有其所有的 NFT 资产，但它计划在完整游戏发布之前过渡到侧链扩展解决方案 Polygon，以减少交易费用和能源消耗。同时，为了给地块所有者更多时间进行构建，完整游戏的发布可能还需要等待一段时间。

2021 年 12 月，The Sandbox 联合创始人兼首席运营官塞巴斯蒂安·博奇（Sebastien Borget）说："元宇宙需要由人来构建。一旦玩家使用我们的工具进行构建，玩家就会创造出准备好向公众开放的体验。我们将发布玩家的地块体验，我认为这将是一个开始的好时机。"

当 Sandbox 完全启动时，它可能是最受人瞩目的元宇宙体验之一。脸书进军虚拟世界使元宇宙地块的销售量激增，并推高了 The Sandbox 的 SAND 代币的价格，但脸书自己的元宇宙愿景可能需要很多年才能实现。The Sandbox 也许会有相当大的领先优势。

游戏公会 YGG

YGG（Yield Guild Games）是一个专注于区块链 P2E 游戏的游戏公会，这是一个投资 NFT 资产并将全球的区块链游戏玩家连接在一起的社区。它的目标是建立一个属于玩家和投资者的网络，帮助彼此在 NFT 游戏领域起步和成长。

自 Axie Infinity 火爆全网以来，P2E 区块链游戏领域一直在快速发展。虽然 P2E 的热门趋势吸引了全球数百万人参与，但许多玩家都买不起游戏 NFT，尤其是发展中国家的玩家。Yield Guild Games 旨在建立一个 P2E 社区并为这些玩家提供解决方案，帮助他们入门 NFT 游戏。

YGG是什么？

YGG 是一个投资于区块链游戏中使用的 NFT 的 DAO。这些游戏属于较广义的元宇宙概念，具有基于区块链的数字世界中的众多元素，包括数字土地、数字资产等。

创建一个全球的 P2E 游戏社区的创意出现于 2018 年，YGG 联合创始人兼首席执行官加比·迪桑（Gabby Dizon）注意到区块链游戏在东南亚盛行，当时很多游戏玩家都想玩流行的 NFT 游戏 Axie Infinity，但他们没有钱购买游戏中的 Axies NFT。

迪桑了解到这一情况，于是开始将自己的 Axies 借给其他买不起该角色的玩家。他由此得到启发，在 2020 年与 Beryl Li 共同创建了 YGG，希望能帮助玩家在 NFT 和区块链游戏世界中"茁壮成长"。

YGG是如何运作的？

YGG 结合了 DeFi 和 NFT，在以太坊区块链上创建了一种元宇宙经济。YGG DAO 是一种开源协议，其规则由智能合约执行。它有多种不同用途，例如执行由社区票选出的治理决策、发放奖励以及促进 NFT 租赁。

YGG 由多个 SubDAO（依附 DAO 的较小 DAO）组成，

而这些 SubDAO 又由来自特定 NFT 游戏或地理位置的玩家群
体组成。每个 SubDAO 都有自己的一套规则，用于管理各自的
P2E 游戏的活动和资产。

这种模式可以让玩同一个 NFT 游戏的玩家通力合作，使游
戏内的利润最大化，还可以让公会成员租用社区拥有的 NFT 资
产来获得游戏内奖励。作为回报，通过 SubDAO 借出 NFT 的
人可以分得游戏玩家的部分收入。

在 YGG 上，所有 NFT 和数字资产都存储在由社区控制的
YGG 金库中。金库为每个 SubDAO 提供 NFT，包括多个区块
链游戏中的 P2E 资产。

YGG 赞助计划

为了最大限度地提高游戏 NFT 的价值和效用，YGG DAO
开启了名为赞助计划的 NFT 租赁计划。这个想法最初由 Axie
Infinity 社区提出，目的是让 NFT 所有者和 P2E 游戏玩家都能
够从中受益。

在 Axie Infinity 中，Axies 所有者可以借出他们的游戏资
产来帮助新玩家入门，以换取一定比例的游戏内奖励。这一过
程通过区块链智能合约完成，获得赞助的人只能在游戏中使用
NFT。只有管理者（所有者）可以交易或转移 NFT。

同样，YGG 也以收益共享的模式为新玩家提供赞助，这些
玩家可以通过获得的 NFT 资产入门游戏并获得游戏内奖励。获
得赞助的人不需要预先投入任何资金，但他们需要分一部分收
益给管理者。除了能获得 NFT 赞助，新玩家还将接受社区管理

者的培训和指导。

YGG 赞助计划不仅限于 Axie Infinity 中的 NFT。YGG 金库中还有 The Sandbox 和《王国联盟》中的虚拟土地、F1 Delta Time 中的虚拟汽车以及其他 P2E 游戏资产。

SubDAO

之前提到过，YGG DAO 主要由 SubDAO 组成。你可以把 SubDAO 视作主要 YGG DAO 中的本地化社区。这些本地化社区由来自特定 P2E 游戏或地理位置的玩家组成。例如，有专门针对 Axie Infinity 玩家的 SubDAO、专门针对 The Sandbox 玩家的 SubDAO，以及专门针对东南亚玩家的 SubDAO。玩家被分入不同的 SubDAO，他们可以在其中讨论游戏策略，并帮助彼此获得成功。

每个 SubDAO 都根据一套自有的规则和条件管理各自的游戏活动和资产，但仍为 YGG DAO 贡献收益。一个 SubDAO 中有一名社区负责人、一个钱包和一种 SubDAO 代币。代币持有者可以根据他们所做的贡献分得游戏产生的收益，他们还可以就与 SubDAO 相关的治理决策提出建议和投票，例如是否要购买更多的游戏内 NFT，或者如何管理他们的资产。

YGG代币是什么？

YGG 代币是一种赋予持有人对 YGG DAO 的治理权利的 ERC-20 代币。其总供应量为 10 亿枚，有 2,500 万枚 YGG 代币于 2021 年在 SushiSwap 上通过首次去中心化交易所发行（IDO）

成功售出。为了支持社区，YGG 留下了总供应量的 45%，将在 4 年内逐步分配给用户。

作为平台的原生代币，YGG 代币可用于支付网络上的服务费用；也可以在质押后在 YGG 收益池中获取奖励，或用于解锁 YGG Discord 频道上的独家内容。此外，YGG 代币持有者还可以提交提案，并对公会的技术、产品、项目、代币分配和整体治理结构等决策进行投票，最终在 DAO 中得到实施的获胜建议将获得 YGG 代币奖励。

YGG 收益池

YGG DAO 采用的是与大多数 DeFi 质押平台不同的流动性挖矿方法，代币通常会被质押以赚取利率固定的利息。在 YGG 中，每个收益池都代表着 YGG 运营的特定活动的代币奖励计划。例如，一个收益池可以根据赞助计划的表现提供收益，而另一个收益池则根据 Axies 繁殖计划为质押者提供奖励。

YGG 还计划开发一体化的超级指数收益池，代表其生态系统中的所有创收活动。该收益池将根据公会从订阅、商品、租金、金库增长和 SubDAO 指数表现中获得的收入来奖励质押者。

代币持有者可以为支持的活动进行质押，奖励将根据他们通过智能合约质押的 YGG 代币数量按比例分配。根据收益池的规划方式，奖励还可能包括 YGG 代币、ETH 或稳定币。

常用信息平台——DappRadar

DappRadar 是一家于 2021 年年底推出的 DApps 的全球应用程序商店，该平台通过包括以太坊、EOS 和 ONT 在内的 20 多个协议跟踪 10,000 多个 DApps，使用户能够分析和比较各种 DApps。该项目创建于 2018 年，但其原生代币 RADAR 仅在 2021 年 12 月推出。该平台自称是全球排名第一的 NFT 和 DeFi DApps 商店，于 2022 年 4 月 6 日发布了 2022 年第一季度报告。尽管面临着地缘政治局势紧张和市场看跌的困难，但该报告指出该行业的稳定性令人惊讶。根据 DappRadar 行业报告，每天有 240 万个独立钱包与 DApps 交互，这与 2021 年第四季度相比下降了 5.8%，但与 2021 年第一季度相比增长了 396%。尽管世界局势动荡，但人们对 DApps 的持续兴趣和互动在 DappRadar 的报告中得到了很好的反映，它表明该项目满足了人们的非常重要的需求。

什么是 DappRadar?

DappRadar 网站称，该项目"始于 2018 年，为全球用户带来了关于去中心化应用程序的高质量、准确的见解，并迅速成为值得信赖的行业信息来源"。DappRadar 自称是"发现

DApps 的起点，托管来自 30 多个协议的 9,000 个 DApps"。它还声称能提供全面的 NFT 估值和投资组合管理，并在数据主导、可操作的行业报告方面处于领先地位。

据该网站称，该协议每月有超过 500,000 名用户访问，其用户数据为领先的行业合作伙伴提供支持，其季度报告是报告该行业市场发展现状的权威。

代币 RADAR 具有多种功能。持有人可以质押 RADAR 以赚取被动收入。它也是一种治理代币，允许持有者对生态系统的未来发展进行投票。用户还可以获得对特定功能和见解的独占访问权限。DappRadar 白皮书概述了该项目的使命和差异化特征。

根据白皮书介绍，该平台"通过开创可靠和独立的链上指标，帮助行业发展和繁荣。其 DApps 排名已经成为 Web 3.0 行业的风向标，多年来在区块链领域积累了数百万忠实用户。"

"通过在其排名和数据产品之上建立一个全面的 DApps 商店，DappRadar 能够解决行业的发掘和获取用户的问题。通过每月吸引超过 150 万用户进入 DApps，DappRadar 已成为行业的主要用户流量提供者。在这一成功的背后，DappRadar 正在发展并重新定位为世界 DApps 商店。"

谁创立了 DappRadar?

DappRadar 项目由立陶宛的 Skirmantas Januškas 和 Dragos Dunica 共同创立。其中 DappRadar 的首席执行官 Januškas 专门从事编程、网络开发和游戏开发。在创建 DappRadar 之前，他曾担任 NFQ 的软件开发人员。

Dunica 在布加勒斯特的一所大学学习商业和旅游管理，之后在电脑游戏公司 Electronic Arts 从事运营工作。后来，他成为一名前端开发人员，在米兰的 European Network 工作。

第 8 章
Web 3.0 应用之 NFT

NFT 是数字资产，可让你证明自己对价值存储的所有权。这可能是一个无形的项目，如虚拟绘图，也可能是实物，如房地产或美术作品。

NFT 定义

NFT 是以数字形式表示的加密货币资产。然而，与同质化的代币不同，每个 NFT 都是独一无二的，这让有形资产和无形资产都能被标记化，与类似现金的同质化代币形成鲜明对比。毕竟一张 10 美元的钞票与另一张 10 美元的钞票是一样的——就其作为交换媒介的功能而言。

归根结底，NFT 是指你可以投资于有价值的东西，而无须实际拥有或存储它们。因此，在公开市场上买卖 NFT 变得轻而易举。

在许多方面，NFT 与比特币、以太坊和狗狗币等传统数字货币并没有太大的不同。因为 NFT 也是数字资产，也在区块链网络中运行。这确保了能以快速、安全和低成本的方式把 NFT 从一个钱包转移到另一个钱包，NFT 在区块链网络之上运行还可以确保 NFT 以透明的方式进行验证。

然而，NFT 与上述数字货币的不同之处在于，每个 NFT 都可以通过唯一的交易哈希值来识别。简单来说，这意味着没有两个 NFT 是相同的。

因此，NFT 非常适合存储现实世界的价值。此外，像比特币这样的加密货币是同质化的——这意味着如果你将一个 BTC

换成另一个 BTC，没有什么太大的变化。也就是说，你的钱包里还有 1 BTC 的价值。但是，NFT 与任何其他流通的数字资产没有关系，这就是它们被描述为非同质化代币的原因。

NFT 是如何工作的？

让我们更深入地了解 NFT 的工作原理。如果你正在考虑自己购买 NFT，那么在冒任何风险之前，你必须了解这个利基区块链领域的运作方式，这一点很重要。

同质化与非同质化

简言之，我们每天用于购买物品的实体钞票是可替代的。

假设你有一张 20 元的钞票，但你现在要乘坐公交车，需要找零钱（公交车只接受 1 元的硬币），你需要去便利店把钞票兑换成 20 个一元硬币。尽管你现在的硬币与最初的 20 元钞票不同，但在价值方面没有任何变化，因为你仍有 20 元可供支配。

根据上面的例子可知，冷现金是一种同质化的资产。而且，今天流通的几乎所有加密货币也是如此。但是，NFT 是非同质化的资产，这意味着你不能将一个 NFT 换成另一个并期望保留相同的价值，因为每个代币都是唯一的。例如，一位艺术家创作了一幅新的实物画，然后艺术家决定创建一个 NFT，它代表了这幅画的价值，这意味着 NFT 仅对其对应的绘画是唯一的，因此它不能被模仿或复制，进一步来讲，这是因为每个 NFT 都可以通过唯一的交易哈希值验证其真实性。因此，NFT 可以代表几乎任何具有价值的东西，无论是虚拟绘画、房屋、汽车，还是运动时刻，NFT 都允许你以数字方式存储所有权。

区块链协议

所有最好的 NFT 都托管在区块链协议上。迄今为止，许多 NFT 的创建者更喜欢以太坊区块链，尤其是因为它支持 ERC-721 代币。简言之，以太坊区块链的这个特定子集非常适合 NFT，因为每个 ERC-721 代币都是独一无二的。话虽如此，其他几个区块链网络已经开始支持 NFT，例如币安智能链。许多人认为后者更适合买卖 NFT，因为以太坊的交易成本通常非常高。

NFT 铸币

在搜索要购买的 NFT 时，你经常会遇到的一个术语是"铸币"。在最基本的形式中，铸币只是指创建尚未存在的新 NFT 的过程。这意味着，当你购买 NFT 时，你购买的是已经由其他人创建的数字资产。更重要的是，如果你希望让独特的加密资产来代表某些独特的东西，那么 NFT 铸造非常值得进一步探索。

例如，你可能已经独立创建了一项开创性的研究，并希望保护你的发现，那可以通过在以太坊或币安智能链等区块链网络上铸造 NFT 来轻松做到这一点。这样你的 NFT 将能验证你是上述研究的真正所有者。而且，一旦你的 NFT 被铸造出来（通常只需要几分钟），它就可以在公开市场上进行交易。事实上，你甚至可以铸造 NFT 代币，这样你就可以从第三方的每笔销售中获得版税。

NFT 的类型

NFT 还有一种目前正在探索的功能——分割式 NFT。你可能知道像比特币和以太坊这样的产品可以拆分为更小的单元，以确保你无须购买完整的代币即可进入市场。例如，如果比特币的交易价格为每个代币 30,000 美元，而你投资了 300 美元，那么你将拥有单个 BTC 的 1%。其实，将数字代币拆分成小单元的过程也可以通过 NFT 来实现。事实上，这是它最重要的特点之一，因为它允许多人拥有一些有价值的资产。

例如，有一个价值 100 万美元的资产，它被表示为 NFT。你是该资产的唯一所有者，拥有相应的 NFT 代币。你希望将这一资产换成一些股权，因此你决定将原有的 NFT 分成 10 个 NFT，你保留 6 个 NFT（60%）并在公开市场上出售剩余的 4 个 NFT。如果协议得到相关合同法的支持，购买每个 NFT 的人将拥有一定比例的财产。然而，目前这种功能仍处于探索阶段。

了解了分割式 NFT，接下来我们会接触 NFT 的主要类型。

实物不动产

房地产可能是 NFT 市场中最有趣的部分，尤其是因为它涵盖了实物和虚拟财产。实物房地产是可以用 NFT 表示的资产的完美示例，毕竟，没有两处房产是相同的，每栋房屋或公寓本身都是独一无二的。一个传统财产与 NFT 一起出售的例子发生在美国的佛罗里达州。这套四居室的房子以略高于 653,000 美元的价格售出，并用以太坊币进行支付。此外，房子现在被表示为以太坊区块链之上的 NFT。这意味着理论上，如果 NFT 的所有者希望出售他们新购买的全部或部分财产，可以通过简单的钱包到钱包交易来实现。

不过，NFT 在房地产领域的更常见的用例是部分所有权。假设一家房地产开发公司希望在纽约建造一家新的豪华酒店。通常开发商会求助于传统金融机构，以筹集资金并提供给项目。但是，为了向零售客户开放投资机会，开发商可以让 NFT 与一定比例的所有权相关联，然后在公开市场上发行这些 NFT。

元宇宙中的虚拟房地产

NFT 和元宇宙是人们经常使用的两个术语。对于那些不了解的人来说，元宇宙是现实世界的数字表示。例如 Decentraland，它是一个 3D 游戏世界，允许玩家购买虚拟土地，然后建造房地产。随后，每块土地都由一个独特的 NFT 表示，可以在公开市场上出售。

房地产 NFT 在元宇宙中十分流行。2021 年 11 月，元宇宙游戏 Axie Infinity 的一块土地以超过 230 万美元的价格被售出。仅一个月后，另一款流行的元界游戏 The Sandbox 平台上的 100 个虚拟岛屿以超过 430 万美元的价格被售出。考虑到虚拟房地产 NFT 现在每笔销售都能产生数百万美元的收入，这无疑是一个值得关注的市场。

CryptoPunks 和其他数字收藏品

在寻找最好的 NFT 时，你可能会遇到 CryptoPunks，它是于 2007 年创建的 10,000 个数字图像的集合。

每个 CryptoPunk 都是独一无二的，并由 NFT 支持。尽管每个图像看起来都像是在 20 世纪 70 年代创作的，但 CryptoPunks 可以说是这个市场上最受欢迎的 NFT。例如，有一个 CryptoPunk NFT 在 2022 年 2 月以 8,000 个太币的价格售出，这在当时价值超过 2,300 万美元，使其成为目前最昂贵的 NFT 之一。

根据 CryptoPunk 系列的创始人 Larva Labs 的说法，这个特殊的 NFT 于 2017 年由其原初所有者以 1,646 美元的价格出售。

体育NFT

NFT 市场中的另一个快速增长的空间是体育 NFT。例如，一些主要的体育品牌（NBA 和 ATP 等）现在正在出售来自关键游戏赛事的视频剪辑的所有权。就价值而言，一个例子是 NBA 球星锡安·威廉森（Zion Williamson）筹集了 100,000 美元，用于拍摄球员阻挡投篮的片段。另一个例子是澳大利亚公开赛以 NFT 的形式出售了锦标赛中的个别物品，包括中心球场，甚至是裁判的椅子。

随着时间的推移，这些体育 NFT 的价值将持续上升。许多体育明星、运动员和其他名人偶像也支持其他类型的 NFT 收藏。

游戏NFT

当今市场上一些最好的 NFT 可以在流行的游戏中找到。在多数情况下，这些游戏被称为 P2E 游戏，玩家可以建立自己的团队，并在游戏中赚取数字货币。

为了让自己的收益最大化，玩家可以购买代表虚拟船只的独特 NFT。NFT 游戏赚取收益的其他示例包括 Axie Infinity、Decentraland 和 The Sandbox。游戏开发商也激励玩家通过可交易的 NFT 与平台互动，这些 NFT 可以在玩家完成某些任务时铸造。

人们为什么投资 NFT？

很多人都在谈论 NFT 投资，从普通散户投资者到百万富翁，再到拥有 NFT 的名人。那么，NFT 给他们带来了什么好处呢？

非常适合内容创作者

内容创作者——例如艺术家、作家和音乐家，通常必须通过第三方来销售他们的产品，这通常意味着他们要放弃大部分销售所得和特许权使用费。

对于这个问题，NFT 是一个很好的解决方案，创作者不再需要与第三方合作来销售他们的内容，相反，每首歌曲、视频或绘画的所有权现在都可以用一个独特的 NFT 来表示。

让我们以 430 万美元购买 The Sandbox 中的 100 个虚拟岛

屿为例。虽然这听起来像是投资数字房地产的案列，但买家已经在每个岛屿上创建了虚拟别墅——其中 90% 的别墅在一天内以每套 15,000 美元的价格售罄。此外，其中一些虚拟别墅已经重新挂牌出售，售价超过 100,000 美元。

这意味着传统的房地产开发行业现在已经通过元宇宙进入了小众领域。也就是说，人们正在寻求购买代表虚拟土地的 NFT，然后以盈利为目的建造数字房地产。

在现实世界中投资实物价值存储并不简单，尤其是这些实物通常存在管辖权限制。例如，世界上某些地区的买家可能会发现自己很难在美国购买房地产。即使他们确实可以使用相关土地，购买房地产的过程也可能困难重重，包括高额交易费用和烦琐的验证过程。

但是，购买 NFT 是没有限制的，它取消了现实世界中的常规限制。另外，该行业已经向预算有限的人开放了投资空间，一些最好的 NFT 也可以用少量资金获得。例如，澳大利亚公开赛创建了一系列可供购买的 NFT。这是若干组 NFT，它们与每 10 年的锦标赛游戏相关联。像 20 世纪 70 年代的 NFT 系列最初仅以 24.99 澳元（约合 19 美元）的价格出售了裁判椅 NFT。这意味着即使你只希望在这个领域投入少量资金，也可以获取一些优质的 NFT。

价值储存

NFT 可以代表一种价值存储。

正如我们之前所介绍的那样，现在铸造 NFT 代币是一个简单的过程，它代表了一些有价值的东西，比如一个运动时刻或一块土地。

无论是哪种方式，理论上，当你最终决定兑现时，你铸造或购买的 NFT 都将物有所值。例如，我们提到 CryptoPunks NFT 系列现在产生了数百万美元的个人销售额。购买 CryptoPunks 的人相信它在未来会更值钱。

巨大的市场

尽管对 NFT 市场未来总价值的估计各有不同，但我们可以看看近年来有多少资金易手。例如，仅在 2021 年，彭博社就指出，NFT 销售额接近 410 亿美元。如果你相信 NFT 空间会随着时间的推移而持续增长，那么这个行业可能很快就会有超过 1 万亿美元的市场。根据雅虎财经的数据，在出现硅谷风险投资公司 Andreessen Horowitz 进行投资的传闻之后，创建 Bored Ape Yacht Club NFT 系列的公司 Yuga Labs 估值为 50 亿美元。2022 年 3 月 12 日，Yuga Labs 收购了 CryptoPunks 和 Meebits NFT，接管了这些 NFT 项目的领导权。目前，BAYC、Punks 和 Meebits 按底价分别排名第 1 位、第 2 位和第 6 位最有价值的 NFT。

NFT可用作抵押品

现在有许多创新者允许你获得融资，以换取你的 NFT 作为抵押品。这与传统的担保贷款具有相似的性质，借款人将提供一定数量的资金以确保融资协议。

在加密贷款的情况下，由于借款人正在建立一个具有现实价值的 NFT，因此不仅贷款协议几乎可以立即获得批准，而且不需要进行信用检查。毕竟，如果借款人未能偿还资金，加密借贷网站可以通过简单地出售其 NFT 来弥补损失。

NFT 与加密货币

NFT 和加密货币这两个术语经常互换使用。毕竟它们都以数字形式表示，并且构建和存储在区块链协议之上。

然而，在绝大多数情况下，加密资产是虚拟货币，这意味着它们可以用作交换媒介，比如像狗狗币这样的同质化代币。

也就是说，如果你从两个不同的经纪人那里购买价值 100 美元的狗狗币，那么收到的两组代币之间没有区别，这是因为两个狗狗币的价值总是相同的。

然而，NFT 本质上具有与加密货币完全不同的概念和用例。毕竟，每个 NFT 都是独一无二的。如果一个 NFT 代表 Decentraland 的一个地块，则没有其他 NFT 可以替代它。

话虽如此，NFT 和加密货币之间还有一个主要的相似之处：市场通常是由投机和炒作驱动的。换句话说，虽然许多人在 NFT 和加密货币方面都取得了巨大的收益，但不能保证这种情况会继续存在。例如，在 CryptoPunks 的案例中，为单个 NFT 支付数百万美元的人可能会发现这个 NFT 系列的价值在未来会大幅下跌。

NFT 市场

NFT 市场与加密货币交易所并没有太大的不同，它们都处于买卖双方之间，如果你今天想购买 NFT，那么首先需要选择一个合适的市场。在选择要注册哪个 NFT 市场时，有一些事情需要考虑，比如各个 NFT 市场的声誉，包括平台运营了多长时间，有多少用户，每天通常产生多少交易量，等等。选择一个在该领域没有良好记录的 NFT 市场是很冒险的，毕竟你需要确信你的资金是安全的，并且希望购买的 NFT 实际上可以在各个平台上使用。另外，你还需要确保市场能够提供你感兴趣的特定 NFT。

NFT 市场通过收取交易费用来获取大部分收入。这通常由买卖双方共同承担，因此在选择供应商之前需要考虑这一点。通常，作为买家，你将支付总交易金额的一定百分比。例如，如果 NFT 市场收取 2% 的费用，而你选择的 NFT 的价格为 1,000 美元，那么你需要支付 20 美元的交易费用。

还要考虑支付方式和钱包，当你在线购买 NFT 时，通常需要通过加密货币为你的购买行为提供资金。例如，如果你选择的 NFT 建立在以太坊区块链之上，那么很可能需要使用 ETH 支付费用。

在寻找市场上最好的 NFT 之前，请考虑投资这个利基空间的利弊。优点是有适合各种预算的 NFT，NFT 允许你以数字形式表示价值，没有两个 NFT 是相同的，全球 NFT 市场具有高度流动性。缺点在于，一些人认为 NFT 与加密货币一样具有投机性，你的 NFT 的价值可能会下降，因而不能保证你以后可以成功出售它。

详细解析头部 NFT——CryptoPunks

一些最古老的 NFT 现在是一些最受欢迎而且最昂贵的加密收藏品。CryptoPunks 是 2017 年基于以太坊成立的 NFT 项目，它是最早的加密收藏品之一，如图 8.1 所示。

图 8.1　CryptoPunks 图像

随着 2021 年 NFT 市场的广泛扩张，NFT 的价格飙升，导致不少 NFT 销售额超过 100 万美元。

一些 NFT 爱好者还重新发现了一些最早的 NFT，并将这些加密收藏品的价值推至前所未有的高位。早期 NFT 项目之一 CryptoPunks 是一组随机生成的像素风格的头像。一些最稀有、最受欢迎的 CryptoPunks 已售至数百万美元。

什么是CryptoPunks?

CryptoPunks 由开发工作室 Larva Labs 创建，是一个拥有 10,000 个数字图像的系列，在以太坊区块链上被标记为 NFT。NFT 实际上是对数字项目的所有权契约，在这种情况下，持有 CryptoPunks NFT 意味着你是该独一无二的像素头像的唯一所有者。

每个 CryptoPunk 都是从几十个属性列表中随机生成的，这意味着有一系列的头像设计，比如人、僵尸、猿，甚至外星人。外星人和僵尸是最受欢迎的头像之一，它们的售价是迄今为止最高的。

CryptoPunks从何而来?

其实，CryptoPunks 早在 2017 年就免费发布了。当时，以太坊的 ERC-721 NFT 标准还没有成熟，Larva Labs 的团队将它们作为实验发布。以太坊钱包所有者分走了向公众发布的 9,000 个 CryptoPunks，Larva Labs 则保留了其余的。

NFT的突破

根据 NFT 聚合网站 CryptoSlam.io 的数据，CryptoPunks 的销售额超过了 10 亿美元。

自发行以来，NFT 的交易量逐渐上升，但直到 2020 年底，尤其是 2021 年初，市场对这些数字收藏品的需求才猛增。CryptoPunks 的二级市场价值飙升，有数百万美元的 NFT 被销售，或被佳士得和苏富比拍卖，它们被用作推特的个人头像。

CryptoPunks有什么特别之处？

CryptoPunks 热度不断攀升的最大驱动因素之一是它是最古老的 NFT 项目之一，并且是第一组随机生成的个人头像。这个项目推动了 NFT 个人图像集的兴起，比如 BAYC 和涂鸦。CryptoPunks 也有一些知名的所有者，例如说唱歌手 Jay-Z、YouTube 名人洛根·保罗（Logan Paul）和网球冠军塞雷娜·威廉姆斯（Serena Williams）。

最重要的是，有一些明显的差异化因素使某些 CryptoPunks 对收藏家来说更受欢迎和更有价值。外星人头像是最稀有的随机图像，因此，外星人 CryptoPunks 是迄今为止出售得最昂贵的 NFT 之一。猿和僵尸头像也很受欢迎。

然而，大多数 CryptoPunks 看起来就像具有不同功能和配件的人类，这些更朴素的人类头像在 NFT 市场的价格方面接近市场底线。

未来

CryptoPunks 的下一步是什么？它们可能会继续在二级市场上被转手，可能为在 NFT 价格飙升之前买入它的投资者带来巨额回报。

我们无法判断当前的市场需求水平是否会持续，但 CryptoPunks 的入门价格仍在继续上涨。底价在 2021 年 8 月上旬达到 100,000 美元，几天后就突破了 150,000 美元，而它现在已超过 200,000 美元。

金融服务巨头 Visa 在 2021 年 8 月下旬成为 CryptoPunks 的拥有者，称 NFT 是"历史性的商业神器"，并暗示"NFT 将在零售、社交媒体、娱乐和商业的未来发挥重要作用"。在宣布这一消息之后，CryptoPunks 的市场需求猛增，仅在当天就售出了价值超过 1.01 亿美元的 NFT 收藏。

到 2021 年年底，CryptoPunks 已经在艺术界真正留下了自己的印记，为伦敦画廊增光添彩，并加入迈阿密的巴塞尔艺术展。它们甚至进军好莱坞。Larva Labs 已与联合艺人经纪（United Talent Agency，UTA）签约，代表该公司探索将其资产应用于电影、电视、视频游戏等领域。CryptoPunks 动画片还远吗？我们将拭目以待。

在 2021 年和 2022 年，出现了其他个人头像 NFT 集合来挑战 CryptoPunks，最著名的是 BAYC，其底价已经超过了 CryptoPunks。随着市场转向具有额外实用程序或特权的 NFT，Larva Labs 在关键问题上保持沉默，例如 CryptoPunks 所有者对其 NFT 拥有哪些商业和知识产权权利。事情在 2021 年 12 月达到了高潮，当时社区的领军人物 Punk4156 以超过 1000 万美元的价格出售了他的 CryptoPunk，并宣布"是时候继续前进了"。

几个月后，Larva Labs 在出售"V1 CryptoPunks"时引发了新的批评，NFT 系列的早期迭代在智能合约中发现故障后被放弃。该公司被指控发出混合信息，此前曾暗示 V1 CryptoPunks 不是"真正的"CryptoPunks。在发布于官方 Larva Labs Discord 的一份声明中，联合创始人 Matt Hall 为出售 V1 CryptoPunks 而道歉，称此举"愚蠢"且是"错误决定"。

Larva Labs 似乎不太可能发布更多 CryptoPunks，因为它们的很大一部分吸引力在于它们的供应有限，并且是最古老的 NFT 之一。相反，该公司已开始转向其他项目，例如 2021 年的 Meebits——一组 20,000 个 3D 体素化身，其创作精神与 CryptoPunks 非常相似。

不过 CryptoPunks 仍有可能进一步发展。例如，2021 年 8 月，Larva Labs 宣布已将现有 CryptoPunks 的所有艺术品上链到以太坊区块链上。这是收集者要求的举措，以延长 NFT 的寿命，这样它们就不至有一天会从网络上消失。虽然将所有东西都放在链上的成本很高，但此举可能会增加 CryptoPunks 投资的"持久性"。

详解头部 NFT——BAYC

BAYC（Bored Ape Yacht Club，无聊猿游艇俱乐部）可以说是世界上相当具有影响力的 NFT 项目。在近一年的时间里，它成为世界上最成功的加密收藏品之一，仅次于 CryptoPunks。而随着 2022 年的到来，BAYC NFT 的价格飙升。最终，BAYC 证明了一切都可以通过几笔交易来改变。

什么是BAYC?

BAYC 是在以太坊区块链上铸造的一系列流行的 NFT 头像。BAYC 系列由 10,000 枚 NFT 组成，样式设计为以太坊区块链中的猿猴。其灵感来源于 CryptoPunks 等 NFT 项目，每枚 NFT 的外观都与众不同，有不同的皮毛类型、面部表情、服装、饰品等，每只猿猴的稀有度各不相同，具体视服饰、动作和背景而定。它们通常售价数千美元，有些还为职业运动员和其他名人所拥有和使用。

NFT 头像在 2021 年出现爆炸式增长，每个可在社交媒体上收集和使用的个人图像的价格均高达数百万美元，并在此过程中推动了价值数十亿美元的集体交易量。

谁创建了BAYC?

BAYC 是由 Yuga Labs 创始人 Gordan Goner 和 Gargamel 创建的一个只有专属俱乐部成员才能进入的酒吧。猿（Apes）就是这个俱乐部的首选成员，无聊猿游艇俱乐部（BAYC）的概念由此诞生。

早期创建 Yuga Labs 的个人都使用化名，直到四位创始人中的两位在 2022 年 2 月的一篇文章中被 BuzzFeed 曝光。他们的名字分别是格格巫（Gargamel）、戈登·高纳（Gordon Gone）、番茄酱皇帝（Emperor Tomato Keechup）和无萨斯（No Sass）。在 2022 年 2 月之后，所有创始人都通过推特公开了他们的真实身份。格格巫是格雷格·索拉诺，他是一位作家和书评家；戈登·高纳是怀利·阿罗诺；无萨斯和番茄酱皇帝透露他们的真名分别是泽山和凯雷姆，二者都是软件工程师。

在创建 BAYC 之前，格格巫和戈登·高纳较少参与加密行业。两人都没有在该领域进行创新的经验，但他们自 2017 年以来一直在交易。番茄酱皇帝和无萨斯对 NFT 和加密货币都比较陌生。四人走到一起便创建了 Yuga Labs 公司，然后他们通过 Yuga Labs 推出了 BAYC。

BAYC 原创系列背后的首席艺术家是一位名叫 Seneca 或 All Seeing Seneca 的女性。其他艺术家包括 Thomas Dagley、Migwashere 和一对选择保持匿名的夫妇。

BAYC 的想法是从哪里开始的?

在 BAYC 的想法诞生之前，当团队最初开始构思 NFT 项目时，他们发现他们的"艺术"想法更适合在浴室墙上展示，而不是在传统画布上展示。带着这种想法，他们希望浴室在酒吧内，但要成为一个专属酒吧，只有俱乐部成员才能进入。因此，游艇俱乐部的想法诞生了。

他们决定让俱乐部由未来的猿居住,具体来说,就是那些"模仿"（跳入）加密货币和 NFT 的人。几年后，猿发现自己很无聊，大部分时间都是和朋友们坐在酒吧里。猿的上述经历成为成为 BAYC 灵感的开端。

据报道，团队成员把积蓄都花在了这个项目上，然后确定了特征,确定了艺术品,签订了铸造合同并开始启动BAYC项目。它始于 2021 年 4 月 29 日。公平分配的定价为每只猿 0.08 ETH （当时约为 190 美元），一开始事情进展缓慢。

2021 年 5 月 1 日，仍然没有多少销售量。然后，NFT 收藏家 Pranksy 买了很多猿，他在推特上向他的大量追随者公布了这件事。有了那几条推文，一切都变了。12 小时后，BAYC 售罄。

值得注意的是，BAYC 团队在接受采访时表示，他们在出售前并没有与 Pranksy 进行过沟通，而在接下来的一个月里，BAYC 二级销售开始快速回升。

为什么BAYC这么贵?

如前文所述，BAYC 有点像交易卡，而独家交易卡可能会变得非常昂贵。每个人都愿意为它们付钱吗？不，但 BAYC 不一定需要吸引很多人，它只需要吸引足够的合适的人。

最初的销售主要是由一位受欢迎的收藏家的推文推动的。在接下来的几个月里，吉米·法伦购买了 BAYC #599，阿姆买了 BAYC #9055，还有几十位其他明星也参与进来，比如帕丽斯·希尔顿。

如果没有事先沟通，是什么驱使第一批 NFT 交易者购买 BAYC NFT 的呢？他们说他们购买 NFT 的主要原因之一是 NFT 的实用性。

NFT 的效用可以是访问未来事件、商品或其他事物。BAYC 创始团队有一部分工作是从一开始就明确该实用程序。随后，他们通过不断提供更多福利来保持社区的兴趣，以及吸引有兴趣购买 NFT 而非二级销售的个人。

BAYC 实用程序: BAYC 为其社区提供什么?

加入这个专属俱乐部的唯一途径就是通过二级销售购买无聊猿。尽管开始时加入的人很少，但现在加入无聊猿的门槛通常超过 100 ETH，略低于 300,000 美元。然而，俱乐部成员自己会毫不犹豫地建议你在场内购买无聊猿 NFT（你可以花最少的钱购买 NFT），这肯定是物有所值的，因为加入该俱乐部的好处超过了其 ETH 成本。

到目前为止，BAYC 社区已经拥有了不少会员奖励。成员对其无聊猿拥有商业使用权。这意味着他们可以制作和销售印刷品、T 恤、咖啡杯等。

BAYC 还发布了他们自己的商品，这是无聊猿 NFT 所有者独有的，要求会员在购买前使用他们的 ETH 钱包登录以验证所有权。

现在一个名为 Bored Ape Kennel Club（BAKC）的新项目启动了，NFT 的全部供应都空投给了无聊猿所有者。在二级销售市场上，BAKC 的下限几乎超过 1 ETH（超过 2,000 美元）。

Mutant Ape Yacht Club 原本也是会员专属的 NFT 收藏，也准备向公众开放。

BAYC 成员对项目资金的去向有发言权，这些社区已向各种慈善机构捐赠了数百万美元。

最近的路线图推出了更多仅限会员使用的实用程序，包括寻宝游戏、BAYC 项目叙事更新、游戏等。

据成员称，除了激励措施之外，BAYC 的发展完全符合开发商的意图。这是因为排他性对那些决定购买 NFT 并加入团队的人来说是有益的。

总的来说，NFT 让各行各业的人享受了技术、文化和金融领域的创新成果。BAYC 确实表明了这一点。这并不意味着它没有任何不利因素或争议，但 Yuga Labs 团队也在一直坚持他们在路线图中制订的计划。

BAYC 收购

2022 年 3 月，Yuga Labs 宣布已收购 CryptoPunks 和 Meebits。因此，Yuga Labs 现在控制着三个最有价值的 NFT 集合。

Yuga Labs 表示，通过此次收购，他们计划培养一个"建设者社区"，围绕这两个项目创建衍生作品。为了实现这一点，正如他们对自己的 BAYC 系列所做的那样，Yuga Labs 表示他们将向 CryptoPunks 和 Meebits 的个人 NFT 持有者转让知识产权（IP）、商业和独家许可权。这将使 CryptoPunks 和 Meebits 所有者能够像 BAYC 所有者一样基于他们的 NFT 创建艺术品和产品。

这是 NFT 社区大规模整合的第一个迹象——主要的 NFT 创造者收购了他们的竞争对手。这对 NFT 社区究竟意味着什么，以及此类收购最终是好事还是坏事，仍然不能确定。

BAYC的未来

BAYC 社区仍然是一个充满活力的空间，其路线图的核心是为其成员提供持续的效用。那么 BAYC 下一步会做什么呢？

首先，许多无聊猿主人都有机会出售他们的无聊猿以获取利润。有史以来销量最高的 BAYC NFT——Ape #8817 在 2021 年 10 月的苏富比元宇宙拍卖会上以 3,408,000 美元的价格成交。这只无聊猿身穿羊毛高领毛衣、头戴彩虹旋转帽并佩戴银圈耳环。在接下来的几个月里，我们可能会看到更多的无聊猿。

Yuga Labs 于 2022 年 3 月完成了由硅谷投资人安德森·霍洛维茨领投的 4.5 亿美元融资。他们计划将大量资金投入更多项目中。首先，该团队正在开发一个名为 Otherside 的虚拟世界。Otherside 是无聊猿 NFT 宇宙的最大扩展。这个 MMORPG 游戏（大型多人在线角色扮演游戏）通过虚拟土地销售推出，该团队目前正在努力构建宇宙。该团队还计划继续扩展到更多商品、活动甚至电影领域。

因此，Yuga Labs 看起来正在快速实现他们打造以 NFT 为中心的媒体帝国的雄心。加上 Meebits 和 CyrptoPunks 现在归 Yuga Labs 所有，接下来会发生什么令人十分期待。

值得一提的项目——Azuki

Azuki 是由洛杉矶艺术家和技术专家创办的初创公司 Chiru Labs 设计的 NFT 集合。每一个 NFT 都是一个数字头像，持有者可以访问名为 The Garden 的在线俱乐部。

Azuki 的艺术风格使其立即获得了成功。在推出后的四个月内，就销量而言，它已经跻身 NFT 顶级收藏之列，与 BAYC 和 CryptoPunks 等系列并驾齐驱。然而，Azuki 也出现了一些危险信号，包括创始人放弃项目的情况。

是什么让Azuki与众不同?

Azuki NFT 都是独一无二的数字头像，它们有各种不同的角色风格，比如武士和滑板人。NFT 所有者可以使用他们的 Azuki 作为他们在虚拟世界中的数字身份。

让 Azukis 起飞的是其独特的美术设计。如果你从小看《龙珠 Z》、高达系列或任何其他日本动画，你会立即认出 Azuki 的动漫风格。

购买 Azuki NFT 还可以让你访问 The Garden。据 Azuki 网站称，这将包括独家街头服饰合作、NFT 发售、现场活动等。Azuki NFT 持有者能在 2022 年 4 月 1 日获得空投的两个免费的 NFT。NFT 最初是一个箱子的图像，NFT 持有者刷新元数据后，图像变成了一堆泥土的图像。这些图像在 5 月再次被更改，成为该公司新 NFT 系列 BEANZ 的一部分。

Azuki 像 BAYC 一样，赋予 NFT 所有者对其特定 Azuki 的商业使用的非专有权利，例如他们可以将 Azuki 放在自己通过在线商店销售的商品上。

Azuki的来历

洛杉矶的四位匿名创作者创立了 Chiru Labs，这是 Azuki NFT 系列背后的初创公司。他们于 2022 年 1 月 12 日发布了 Azuki。创始人是 Zagabond，艺术家 Arnold Tsang 被认为是共同创作者，但没有太多关于其他创作者或其背景的信息。然而，在一篇博客文章中，Zagabond 透露，他在 Azuki 之前创建了另外三个 NFT 项目：CryptoPhunks、Tendies 和 Zunks。人们发现他在不到一年的时间里启动和放弃了三个项目，这一情况引起了相当大的反响。

Azuki NFT 系列包含 10,000 个头像，共有 13 个特征类别和 469 个特征来决定每个 Azuki 的外观。有些特性比其他特性更稀有，而具有稀有特性的 Azuki NFT 通常更有价值。

有四种不同类型的 Azuki：人类、蓝色、红色和精灵。超过 9,000 个 Azuki 是人类，因此这种类型的 NFT 的价格往往更低。只有 97 个 Azuki 是精灵，不到总收藏量的 1%，因此它们的价格要高得多。

Azuki NFT 是在以太坊区块链上铸造的。它们在 NFT 市场上通过 ETH 进行买卖，并存储在 NFT 钱包中。

商业伙伴与危机

Azuki 拥有多个合作伙伴帮助其建立品牌。韩国嘻哈乐队 Epik High 与 Azuki 合作是出于宣传亚洲和亚裔美国艺术家的愿望，该乐队在 Coachella 2022 上展示了 Azuki NFT，并将其作为他们表演的一部分。

推出 Clone X NFTs 的公司 RTFKT 宣布与 Azuki 合作创办街头服饰。通过其 BEANZ 系列，Azuki 还将与硬件钱包制造商 Ledger 合作。

然而，Azuki 创始人 Zagabond 在短短几个月内推出并放弃了三个 NFT 项目的事实确实是一个问题。创始人将这些项目定义为学习经验，帮助 Azuki 成为今天的样子。然而，投资了这些失败实验的人恐怕不会这么心平气和。

推文发布后的第二天，Zagabond 就在推特上道歉，然而这并无法阻止 Azuki NFT 的价格暴跌 50% 以上。

NFT 市场充斥着对内幕交易的指控。包括 Azuki 在内的几个重大项目都被 NFT 社区成员指控。有一个案例是在 Azuki BEANZ NFT 曝光之前，一位买家卖出了四个常见的 BEANZ NFT，并购买了多个稀有的 NFT。Azuki 联合创始人 location.tba 否认存在内幕交易，但表示会在未来新的 NFT 系列披露之前增加更多安全措施。

第 9 章
Web 3.0 的新概念——SocialFi

SocialFi 汇集了社交媒体和 DeFi 的原则。SocialFi 平台提供了一种去中心化的方法来创建、管理和存储社交媒体平台及其参与者生产的内容。

在 SocialFi 的核心，应用程序是内容创建者、影响者和参与者，他们希望更好地控制自己的数据，保障言论自由以及通过参与社交媒体获利。货币化通常发生在加密货币中，而身份管理和数字所有权则由 NFT 驱动。

这些平台的结构是分散的 DAO，能防止集中审查决策。随着区块链技术的发展在过去几年中突飞猛进，SocialFi 基础设施能够应对社交媒体交互所需的吞吐量。

挑战现有社交平台

世界上超过一半的人口（58.4%）平均每天会在社交媒体上花费 2 小时 27 分钟。然而，他们所产生的注意力、互动、参与和数据是由一些集中的实体货币化的。这种激励的错位导致了一种现象，我们称之为 onliner：“如果产品是免费的，那么你就是产品。”

我们还看到了大量集中决策的例子，比如平台禁止内容创建者谈论某些主题。虽然这些流程通常是为了保护更广泛的用户群体免受有害帖子的侵害，但分散的管理流程（如果有的话）更符合 Web 3.0 的精神。

Web 2.0 应用程序面临的一个问题是有关数字所有权和跟踪所有权。这对于在线分享作品的创作者和艺术家来说尤为重要。然而，如果没有足够的控制措施，缺乏数字所有权会让数字盗版者获得可乘之机。

Web 2.0 平台的另一个缺点是无法将品牌资产货币化。在大多数情况下，为自己创建品牌的人能够以间接方式将其品牌资产货币化。然而，他们在社交媒体平台上积累的粉丝和信誉并不能直接转化为资产。

SocialFi 能解决这些问题吗？什么是 SocialFi？它是如何工

作的？让我们在下文中深入探讨这些问题。

SocialFi 的构建模块

SocialFi 通过坚持 Web 3.0 的精神来颠覆社交媒体行业，本质上，它只是一种去中心化的社交应用程序。它专注于解决我们今天所知的 Web 2.0 社交媒体平台的关键问题。

货币化

在所有利益相关者之间公平地管理激励措施一直是 Web 3.0 应用程序的关键设计原则，DAO 模型使其成为可能。SocialFi 应用程序通过使用社交代币或应用内实用代币更进一步。

在 DeFi 与 GameFi 的世界中，我们经常看到用于推动应用内经济的实用代币。借助 SocialFi，我们拥有标志着第三层经济的社交代币。这些代币不仅可以在应用程序级别创建，而且可以在用户级别创建，创作者可以通过社交代币管理自己的经济。

每个拥有有意义品牌资产的用户都可以拥有自己的代币。例如，埃隆·马斯克（Elon Mask）可以拥有自己的代币和围绕它运作的迷你经济。代币的价值将与用户的社会影响力成正比，因此，埃隆·马斯克的代币价值将高于普通用户创建社交媒体资料的价值。

现在让我们来看看在这个模型中是什么推动了社交代币的价值增长。该模型有一些基本的设计原则。

- 只有那些持有创作者社交代币的人才能参与他们的帖子。因此，如果你想参与埃隆·马斯克的帖子，你需要持有他的社交代币。

- 如果你想引起影响者的注意，当你持有最多数量的社交代币时，你的消息可以出现在回复页面的顶部。

- 创作者和影响者可以设置阈值，允许拥有超过一定数量社交代币的追随者直接向他们发送消息。

- 拥有大量追随者的艺术家可以在他们的社交代币中创建订阅模式，供那些希望获得其创意内容的高级访问权限的人使用。

- 当用户想要通过点赞或分享来与某人的内容互动时，他们就会花钱。

围绕 SocialFi，参与者将参与货币化的一些关键原则，这些原则将减少垃圾邮件，因为现在发送垃圾邮件的成本会增加，减少它们可以增加用户真正的参与度，但最重要的是，可以帮助创作者和有影响力的人通过他们的品牌获利。

审查和言论自由

审查和言论自由是大多数 Web 2.0 社交媒体平台都在努力解决的一个棘手问题，即一方面人们不希望有集中审查；另一方面，社交媒体不应该让有害内容在没有任何控制的情况下传播到世界各地，需要在两者之间做出平衡。

SocialFi 平台通过标记链上数据来进行去中心化管理。SocialFi 平台上所有可公开查看的帖子都在链上，因此，这些链上数据可供规则引擎根据主题和所用词的性质来解析和快速标记帖子。选择正确的帖子取决于链上的节点。

每个单独的节点都可以选择阻止一些标签并与其他标签互动。如果一个节点选择参与和认可一个有害的帖子，它将受到法律起诉。因此，在网络中必须允许不是中央机构或中央组织内的小团队做出选择，控制权和责任在于个人。

数字所有权和身份

图片证明（PFP）NFT 的出现创造了一种前所未有的数字身份形式。"我是我的猿，猿就是我"成为这个 180 亿美元市场的口号。PFP NFT 包括 BAYC、Moonbirds 和 CryptoPunk 等收藏品，NFT 持有者会对其产生情感依恋。

这些 NFT 被持有者相当自豪地用作推特的个人头像。虽然许多 PFP NFT 持有者是投机者，但其他人会认为这些 NFT 是他们的身份，持有者和这些 NFT 之间由此建立了情感联系。

虽然情感联系是一个抽象概念，但 NFT 在设计上采用了所有权证明。因此，如果用户想要创建一个 SocialFi 个人资料，他们可以使用自己的 NFT 作为个人头像，并通过连接他们的钱包来确认自己的 NFT 的所有权。

除了身份方面，PFP NFT 还提供对 SocialFi 中某些社区的独家访问。这些社区可以为他们的 NFT 持有者提供想法、经验、活动以及投资指导。这已经在 Discord 组中得到实施，但可以成为 SocialFi 的一项功能。

SocialFi 平台中的 NFT 还为创作者提供分发功能来广播他们的作品。推出 NFT 收藏的艺术家可以与其社交代币的持有者分享销售收益。这是一种让艺术家的追随者传播信息的激励机制，从而有助于增加 NFT 收藏的销量。

SocialFi 必须克服的两个关键挑战

这一切听起来好得令人难以置信，SocialFi 真的可以成为社交媒体的未来吗？SocialFi 中设计原则的执行（如前文所述）并非没有逆风。Web 3.0 必须克服以下几项挑战。

可扩展的基础设施

脸书每天产生 4 PB 的数据。每分钟有 510,000 条评论发布、293,000 条状态更新，400 万条帖子被点赞，136,000 张照片被上传。区块链可以处理这么大的交易量吗？

DeSo 是为构建 SocialFi 应用程序而创建的区块链层，声称可以比大多数现有的一层链更好地进行扩展，因为它是专门为 SocialFi 用例构建的。它使用索引、块大小管理、Warp 同步和分片来解决可扩展性问题。

例如，DeSo 声称能够每秒为 400 万用户群处理 80 个帖子，而推特每秒可以为 3 亿用户处理 6,000 个帖子。它仅通过增加块大小即可实现此性能，也可以依靠其他技术，例如通过 Warp

同步和分片来进一步提高吞吐量。

Warp 同步提供验证交易，而不需要所有节点验证交易的整个历史。分片带来了并行处理，有助于将吞吐量提高几个数量级。使用这两种技术，DeSo 相信他们应该能够将平台扩展到 10 亿用户。

可持续经济模式

也许 DeFi 模式及其衍生商业模式面临的最大挑战是创建能够承受压力和异常情况的经济模型。无论是 GameFi 还是 SocialFi，都有几个平台承诺为其参与者提供非常高的激励。然而，迄今为止，这些激励措施已被证明只是短期增长黑客。

我们在 SocialFi 的激励中讨论的所有方面仍在小规模试验中，这些模型必须经过几个市场周期和黑天鹅事件的压力测试，才能成为主流。

例如，如果你投资了影响者的社交代币，以便你可以参与他们的帖子，那么你将面临他们发布有害内容的风险。一个有害的帖子可能会很快导致社交代币贬值，并给系统的参与者造成一连串的损失。

在社交媒体平台中，由于回音室效应，一个关键微观经济的损失螺旋很容易波及整个系统。

SocialFi 案例 FaceDAO：
你的脸就是你的力量

社交媒体自诞生以来已经走过了漫长的道路。社交媒体从最初的作为与朋友和家人联系的一种方式，已经发展成一种强大的营销和沟通工具。

现在无论规模大小，企业都使用社交媒体接触新客户、与现有客户联系，并建立品牌意识。比如国内的微信、钉钉、猎聘，国外的脸书、推特和领英，都有助于企业与潜在客户和现有客户沟通。

企业可以使用社交媒体发布有关它们的产品或服务的信息，进行促销或举办比赛，或回答客户提出的问题。

此外，企业还可以利用社交媒体建立与关键行业影响者的关系（如微博舆情图、热点）或与其他企业合作进行联合营销。

社交媒体的发展如此之快，以至于它已成为我们日常生活的重要组成部分。根据 Statista 的数据，截至 2021 年，每个人平均每天花费近 142~145 分钟使用社交媒体。在浏览社交媒体时，我们看到的几条新闻中有一半都是假的。

我们的收件箱中塞满了来自虚假账户的消息。甚至你也可以在社交媒体上创建一个虚假账户，因为这一切都很容易做到。

但试想一下，一个可以 100% 确定是谁在说话的平台会是什么样子？你面对的会是一个个真实的人，而不是机器人，也不是假账户。这就是 FaceDAO 要带领社交媒体走进的世界。

什么是FaceDAO?

我们可以将 FaceDAO 理解为 Web 3.0 的钥匙。FaceDAO 的官网主页如图 9.1 所示。

图 9.1 FaceDAO 官网主页

FaceDAO 是一个 Web 3.0 去中心化平台，人们可以在其中创建和加入去中心化的社区，并与全球 100% 真实的人互动。它是建立在区块链上的下一代社交媒体平台，为其用户提供可信赖的开放的环境。该平台尊重言论自由，并确保用户提供真实信息，并且内容是共享的。

当前的互联网基础设施基于一个中心化的系统，其中有一个强大的实体（公司的数据中心）处理所有数据。这种方式有各种缺点，例如易受网络攻击、被审查和数据垄断（大数据知道你的一切）。

Web 3.0 是一个去中心化的平台，旨在解决上述问题，它用区块链技术和点对点网络创造了一个更加开放、民主的互联网。

到目前为止，Web 3.0 主要用于加密货币和其他金融应用程序。然而，它的潜力远不止于此。Web 3.0 可以提供新一代更安全、抗审查、更公平、具有分散式基础设施的应用程序。FaceDAO 就是这么一个由 Web 3.0 提供支持的去中心化社交媒体平台。

FaceDAO 是一款被部署在以太坊区块链上的内置人脸识别的工具。它允许用户控制自己的数据，并提供更安全和私密的信息共享方式。

使用 FaceDAO，用户可以确保他们的数据能够安全地被其他实体访问（中心化或去中心化）。FaceDAO 展示了 Web 3.0 可以如何用于创建更安全、更私密、更安全的新应用程序。而且随着 Web 3.0 的不断发展与时间的推移，我们将看到更多创新的 Web 3.0 应用程序来改变我们使用互联网的方式。

FaceDAO 为社交网络提供了高度创新的独特功能，最令人兴奋的是它是免费的，且易于使用。

FaceDAO相对于Web 2.0社交媒体的优势

Web 2.0 社交媒体虽然统治着数字世界，但也有很多不足之处。FaceDAO 带来了 Web 3.0 以解决这些问题，为用户提供了动力。

让我们快速了解一下 FaceDAO，一个 Web 3.0 去中心化社交媒体平台如何优于 Web 2.0 集中式平台。

在中心化平台上，用户对其内容和数据没有权限，相反，该平台拥有他们的所有信息，但 FaceDAO 将数据的权利归还给了用户。

一个集中的平台能决定允许哪些内容被发布，并且可以在未经用户许可的情况下随时修改或删除用户的账户。在 FaceDAO 上，用户可以决定内容，也可以参与平台治理。

几乎每个中心化平台都为了个人利益而出售用户数据，而用户却一无所获。他们将用户的注意力货币化，为股东带来利润。但在 FaceDAO 上，用户是最终的受益者，通过代币奖励制度，内容创建者在消费者的每次点击中都可以获得代币。

集中式社交媒体中充斥着虚假信息，缺乏透明度。而 FaceDAO 可以确保没有误导性数据，没有隐私侵犯和黑幕算法。

使用集中式社交媒体，你无法确定你正在与谁交谈，而 FaceDAO 要求一个人只能拥有一个账户，没有虚假或机器人账户。3D 活体验证和身份验证确保平台上的每个人都是真人。

FACE Giveaway：世界上最广泛的空投活动

FaceDAO 发起了全球规模最大的 5 亿美元 USDT 空投活动。通过本次活动，参与者可以获得 100,000~2,000,000 FACE 代币。参与者必须使用他们的 Web 2.0 账户登录脸书或推特并识别自己的面孔。用户可以根据他们的 Web 2.0 社交账号的注册日期、帖子、转发、评论、喜欢、聊天、关注者和其他相关数据的数量来获得 FACE 奖励。用户贡献的数据越多,他们可以获得的 FACE 奖励就越多。

每个人都有一张独特的面孔,并有权赚取 FACE。

用户还可以通过邀请其他人赚取更多 FACE。被邀请人在登录 FaceDAO 时将获得其他人给予的所有 FACE 代币,但给予 FACE 最多的人将成为他的邀请人,并将永久获得其 1% 的分红收入。

空投活动持续时间为 2022 年 3 月 3 日至 3 月 18 日。从 3 月 3 日至 5 日,两天内活动记录了超过 1,700,000 个条目。

FACE 是 FaceDAO 的网络代币。每个用户都有一个独特的 FACE,这是他的私人密钥和去中心化标识符(DID),提供进入网络的通道。FACE 作为 ERC-20 代币在以太坊区块链上铸造,它的最大供应量为 1,000 万亿。

用户可以通过 FACE 代币为自己赚取收益。所有积极的行动比如日常访问、点赞、评论、分享、发帖等,都可以帮助用户获取收益。

FACE 用于用户奖励、空投、社区任务、提供交易的流动性,用户还可以通过 FACE 来投票、持股和选举托管人。

小结

作为一个基于 Web 3.0 的社交媒体平台,笔者觉得它有两个方面的优势:一是通过人脸识别这种方式掌握了大量的数据;二是 FACE 激励的方式提高了人们的社交积极性。

但是其核心产品 FaceApp 的用户体验并不佳,交互逻辑与传统的 Web 2.0 平台，比如脸书、推特等相去甚远。

另外，平台收集的人脸数据后期该怎么利用、怎么保存、怎么确保数据的安全，也是一个尚未有解决方案的问题。平台除了采用 FACE 代币，相对 Web 2.0 来说并未有任何创新。

由于缺乏后继的创新，社区活跃度在首发日之后越来越低。而且市场竞争十分激烈，最近随着马斯克收购推特，并放出要将推特打造成 Web 3.0 社交平台的声明，FaceApp 的处境更为尴尬。

未来

尽管存在基础设施和经济模式方面的问题，SocialFi 平台仍然有前景。世界正在向创造者经济模式前进，这是朝着这个方向迈出的一大步。

未来采用 DeFi 原则的社交网络只有在经历了几次低迷后仍能坚持下去，才能谈得上具有稳健性，这也绝对适用于 SocialFi。如果市场顺风支持 SocialFi 项目的进展，投资前景保持良好，那么天空就是极限。

第 10 章
Web 3.0 应用之创作者的天堂

10

Web 2.0 时代催生了大量的互联网巨头，它们借助平台优势和特权，以提供平台服务为条件获取普通用户的大量私人数据、创作内容，进行垄断经营。这种状况将随着 Web 3.0 网络去中心化进程的推进而发生根本性的变革，个人用户将真正完全拥有内容。

什么是创作者经济？

创作者经济是一个很广泛的概念，最早是由 Web 2.0 提出来的，在该模式下，一个人（独立作者）就可以运作从内容创作到获得收入的全过程。在 Web 3.0 去中心化的支持下，创作者将不再受公司或平台的摆布，而是通过去中心化的平台或社区等发布自己的原创内容并获取收益。

创作者经济包括独立的内容创作者、创作团队和策划者等，它还由社区建设者以及旨在帮助这些创作者赚钱和发展的金融和软件工具等构成。

在内容创作上，每个人都可以成为创造者，2021 年，创作者经济就已经吸引了数十亿美元的投资，拥有几千万的创作群体。

创造者的核心要素

数字化时代的到来将为创作者经济发展带来新的机遇，而推动创作者经济的发展需要三个核心要素：创作者、技术支持以及社区。创作者，顾名思义就是内容的创造者，没有了创作者一切都无从谈起。技术支持是内容的承载平台，若没有技术支持，内容则无处安放。社区就是内容的宣发群体，创作者只有与社区建立了联系才能够打破行业巨头的垄断。

创作者的分级

著名风投机构 a16z 对创作者进行了分级，共有四个层面：第一层级是兴趣爱好者，泛指那些基于乐趣或兼职创作内容的人。技术的发展降低了创作者的准入门槛，任何人都可以通过各种简单的多媒体工具进行创作。第二层级是职业创作者，泛指拥有专业技能并能够将其职业化的人，这些创作者往往聚集在更符合自身专业的平台，并通过平台展开业务合作或创作价值并转化。相对于第一层级，他们的专业性更强，创作水准更高。第三层级是人气创作者，泛指在某些领域出类拔萃且拥有广泛受众的人，他们通常与外部平台或品牌有合作关系，比如媒体公司、唱片公司、发行商等，以最大限度地提高作品的覆盖率。第四层级是创作大亨，泛指那些不仅保持了巨大的影响力，还能够不断对内容进行升级创新，让创作价值远远超过创作者自身的人。例如，美国歌手蕾哈娜的 Fenty 品牌、好莱坞女演员格温妮斯·帕特洛的 Goop 品牌等。

成长的三个阶段

创作者的成长分以下三个阶段。

第一个阶段是基础平台阶段，也就是创作者早期通过基础平台积累自己的粉丝和影响力等以奠定发展基础的阶段。这些基础平台往往拥有多种创作工具给创作者使用，助力创作者成长。但是这些平台并不是以创作者的利益为重，它们更重视的是这些创作者创作的内容能不能给自己带来利益，所以更多的价值是被这些平台瓜分了。

第二个阶段是创作者的影响力跟商业融合的阶段，在这个阶段创作者与企业合作，为平台带来更大的利益，由此催生了新的经济市场。此阶段的创作者开始将个人品牌进行商业化运作，但显而易见，商业化不仅会损害创作者的粉丝基础，还会影响其创作质量。

第三个阶段是创作者及粉丝被赋予更多的权利的阶段，通NFT 等形式来实现这一点，创作者经济能够平衡发展。

Web 3.0 创作者经济的兴起

Web 3.0 的到来给了创作者一个全新的机会，他们能绕过平台，把版权掌握在自己手里，并直接链接消费者。Web 3.0 能够真正为用户带来利益。

为什么会这样呢？关键在于两点：一是利益分配的机制；二是传统信任的机制。利益分配的机制赋予了使用者权利，传统信任的机制打破了平台公司的界限。

流行音乐行业和艺术行业是最早推动创作者经济的行业，它们都已经开始试水 NFT，并试图发起一场创作者革命来推动去中心化的创作者经济发展。

此外，版权平台也在追求 Web 3.0 化。艺术版权平台的版税改革是发生在 OpenSea 这样的平台出现以后。创作者的艺术作品每流转一次，都意味着创作者可以从中获得收益。

在 2022 年的"meta"浪潮中，创作者经济由 Web 2.0 逐渐过渡为 Web 3.0 的模式，平台权利与收益将会极大地被让渡给创作与创作者本身，这种让渡与元宇宙结合后，便产生了新的创作经济—— MetaCreation。可以用三个关键词组来解释它：身份标识系统、创作的无边界、创作组件。MetaCreation 最终将成为一种"by metaverse，for metaverse，of metaverse"的创作范式。

新一代全球 Web 3.0 社区这些年发展十分迅猛。仅在 2021 年上半年国际上就有 1,300,000,000 美元投资于创作者经济，是前一年的三倍以上。主流的投资机构，如 a16z、脸书、推特等均开始花重金布局这一领域。

例如 Mirror 项目，上线仅 3 个月就获得 a16z 投资的 1,000 万美元；OpenSea 是全球首个也是最大的加密货币收藏品和 NFT 的交易市场；Nifty Gateway 让艺术家可创建限量版、高质量的 Nifties 系列 NFT，并且这些 NFT 由 Nifty Gateway 平台独家提供。

值得关注的项目——
Mirror（创作者工具平台）

Mirror 类似我们所了解的（去中心化的）微信公众号，通过为创作者提供发布文章的功能来帮助创作者获得收益。Mirror 基于多种公链技术，任何人都可以通过 Mirror 创造自己的价值。Mirror 由前 a16z 合伙人丹尼斯·纳扎罗夫（Denis Nazarov）创立，2021 年 9 月，电影制作公司 Structure Films 通过 Mirror 发起了电影 *We are As Gods* 的筹资活动。

功能介绍

Web 3.0 时代中最热门的就是创作者赛道，Mirror 目前是这个赛道中获得最多关注的项目之一。

目前 Mirror 提供文章写作功能，除了用户自己可以修改文档，任何第三方都无法篡改或干预。Mirror 还可以发布和拍卖用户的 NFT 作品、发起项目众筹等。可以把 Mirror 理解为帮助创造者实现作品编辑、发布、传播和商业化闭环的去中心化 Web 3.0 平台。

Mirror 组合了多种区块链网络的技术，也能给未接触 Web 3.0 的人带来良好的体验。Mirror 不是为加密货币行业定制的平台，它适合更广泛的内容创作者或者普通人。

除了满足个人使用需求之外，Mirror 也适用于机构、团队、组织，它们可以开设账号，发布自己的项目进展、研究报告，甚至是一些拍卖或融资业务。

Mirror 的独特技术使其能够利用 Arweave 实现内容永存，不过随着 Arweave 网络的成熟和更多去中心化存储网络的兴起，总会有越来越好的技术可以被 Mirror 集成。因此，使用者不必担心内容丢失或被删除，所有的内容都会存放在 Arweave 上。

总结

笔者认为，Mirror 是有望成为全新的多元化平台的。通过各种各样的技术实现，来打通创作者与粉丝之间的联系，无论是对个人还是对机构，它所带来的绝不仅仅是新的谋生方式这么简单。

值得关注的项目——
Audius（音乐创作平台）

音乐流媒体服务在全球拥有超过 4 亿用户，去年收入超过 130 亿美元，但该行业的批评者声称，艺术家的工作得不到公平的回报，音乐家和政界人士都声称表演者和词曲作者正在"失败"。

Audius 的目标就是解决这些问题。它是一种加密驱动的音乐共享和流媒体协议，旨在让艺术家对他们的音乐如何货币化拥有更大的权力，并使他们能够直接与粉丝联系。

Audius 是最大的非金融加密应用程序之一，由艺术家、粉丝和开发人员组成的开源社区拥有和运营。2021 年 7 月，它的独立用户人数超过了 530 万，高于 2021 年 1 月的 290 万，其用户在 2021 年 4 月收听曲目达 750 万次。

它由协议的治理代币 AUDIO 提供支持，截至 2021 年 8 月它的市值为 12 亿美元。

什么是Audius?

Audius 成立于 2018 年，是一个具有社交媒体组件的去中心化音乐流媒体服务平台。它可以让艺术家将他们的音乐上传到应用程序，并将粉丝与艺术家和独家新音乐直接联系起来。

在技术层面上，它是一种区块链协议，允许艺术家为他们的创意作品制作不可变的时间戳记录，并由分散的节点运营商网络保护。

它最初建立在以太坊侧链 POA 网络上，后来将其部分服务移至 Solana 区块链。开发人员可以在 Audius 之上构建自己的应用程序，让他们可以访问独特的音频目录。

Audius 于 2020 年 10 月推出了其主网服务，其中包括以 Deadmau5 和 RAC 为特色的直播音乐会。

与大多数其他区块链项目不同，Audius 不会受到技术性问题的困扰，不会排斥任何不了解加密技术的人。"如果我们的东西比谷歌、脸书、SoundCloud、Steam 或其他任何东西更难使用，用户就不会使用我们的东西。" Audius 联合创始人罗尼尔·伦堡（Roneil Rumburg）于 2019 年在媒体上这么说道。

Audius 于 2018 年从风险投资公司 General Catalyst、Lightspeed 和 Pantera Capital 处获得了 500 万美元的投资资金，并从全球交易量最大的加密货币交易所的风险投资机构 Binance Labs 处获得了 125 万美元的资金。

Audius有什么特别之处？

与其他音乐流媒体服务不同，Audius 是基于区块链的，艺术家可以免费上传他们的曲目，用户可以免费收听，而每个人都可以赚钱（加密货币）。用户可以共同管理音乐流媒体服务，也由区块链提供支持。

成为艺术家无须任何审查过程，因此你可以立即上传自己的曲目。只要在免费注册后单击"上传曲目"即可上传你的音乐和艺术品文件。它以 320kbps 的速度提供流媒体，可与 Spotify 和 Google Play Music 相媲美，尽管其并不符合 Tidal HiFi 和 Amazon Music HD 的 24 位标准。

由于 Audius 的内容分布在分散的节点上，因此目前无法强制执行版权保护。但该协议目前正在开发一个由社区成员组成的仲裁系统，他们将决定是否删除某些内容。不过 Audius 缺乏集中控制也意味着它为艺术家提供了一个安全的场所。

许多大牌艺术家将 Audius 视为一个试验或分享曲目的地方，这些曲目不会在其他平台上播放。

可以在 Audius 上听什么?

Audius 上有超过 100,000 位艺术家，其中包括一些名人，如 Skrillex、Weezer、deadmau5、Russ、Mike Shinoda、Diplo、Madeintyo、Odesza、Disclosure、Alina Baraz 和 Wuki。

一般来说，艺人会先上传一两个曲目，然后根据平台上粉丝的积极反馈来扩展曲库。例如，音乐人卡马克上传了自己的大部分已有作品，共 169 首歌曲。

Audius 的另一个不常见的功能是通过混音比赛来促进艺术家与粉丝的合作，这会带来更多的实验曲目以供欣赏。

未来

2021 年 8 月，Audius 因其 Sound Kit 功能被选为 TikTok 的合作伙伴之一，该功能允许创作者将歌曲传输到其平台上。美国 75% 的 TikTok 用户表示，他们使用该应用程序来发现新的音乐，这可能也适用于其 7.3 亿的全球用户群。

与 TikTok 的合作也能让 Audius 吸引一些对 TikTok 传播模式感兴趣的知名艺术家。

第 11 章
Web 3.0 原生组织——DAO

11

DAO 是一种由社区主导的"公司"，即去中心化的自治组织。它是完全自主和透明的，由智能合约制定基本规则，执行商定的决定，并且在任何时候，提案、投票甚至代码本身都可以公开审计。

DAO 完全由其个人成员管理，他们共同对项目的未来做出关键决策，例如技术升级和资金分配。

一般来说，社区成员会就协议的未来运营提出提案，然后聚在一起对每个提案进行投票。最后，通过智能合约中实例化的规则接受并执行达到某种预定义共识水平的提案。

大公司中的传统等级结构让位于此框架下的社区协作，DAO 的每个成员都在某种程度上监督协议。

这个框架的特点之一便是激励措施的一致性。也就是说，它鼓励人们在投票中直言不讳，并且只批准符合协议本身最大利益的提案，这同时符合他们的个人最大利益。一个健康的协议得到执行可以增加每个 DAO 成员所拥有的代币价值。因此二者是共赢的。

DAO 是如何工作的？

DAO 的规则是由社区成员的核心团队通过使用智能合约建立的。这些智能合约奠定了 DAO 运行的基础框架，它们是高度可见、可验证和可公开审计的，因此任何潜在的成员都可以充分了解协议在每一步的运作方式。

一旦这些规则被正式写入区块链，下一步 DAO 就需要弄清楚如何获得资金以及如何将其赋予治理。这通常通过发行代币来实现，协议通过发行代币来筹集资金并填补 DAO 的金库。作为法定货币的回报，代币持有者被赋予一定的投票权，通常与他们的持股数成正比。一旦资金筹集完成，DAO 就可以部署了。

一旦代码投入使用，除了通过成员投票达成共识外，不能再通过任何其他方式对其进行更改。也就是说，没有任何特殊权限可以修改 DAO 的规则，其完全由代币持有者社区来决定。

找到自己感兴趣的项目后，你可以通过几种不同的方式直接参与。重要的是，要注意并非所有 DAO 都以相同的方式运行，因此第一步是弄清楚每个 DAO 的核心功能。

对于专注于技术治理的 DAO，重要的是了解它授予代币持有者什么样的投票权利以及什么样的提案更容易通过。

在某些情况下，例如 Uniswap，代币持有者可以投票决定在他们之间分配协议收取的部分费用。在 Compound 等其他协议中，代币持有者可以投票决定是否将这些协议费用用于错误修复和系统升级。

这种方法使得自由职业者和那些对该项目感兴趣的人能够通过 DAO 资助项目（DAO 定期在其 Discord 服务器上发布此类临时项目），加入临时项目并获得工作报酬。

对于其他 DAO，重点不是对协议技术方面的治理，而是更多地关注资金池和分配机制。

例如，SharkDAO 的存在主要是为了促进个人代币持有者资金的汇集，以此作为获得稀有 NFT 的一种手段，因为这些 NFT 对普通人来说太贵了。这种方法为个人利用集体资产池的力量提供了新的机会。

关键是 DAO 内部的透明度。每个提案的详细信息应一目了然，投票历史要被记录下来，甚至是特定代币持有者的投票记录。

DAO 经常呼吁社区通过赠款资助的项目提出有趣的想法，具有创业精神的个人可以自由提交提案，为协议的未来发展建言献策。

DAO 的参与程度各不相同。你可以选择兑换治理代币并关注快照投票；你可以加入 DAO 的 Discord，贡献自己的力量并获得报酬；你甚至可以通过在会议上建立联系来投资感兴趣的 DAO。你可以以不同的程度参与 DAO。

DAO 组织生态全景图——协议 DAO

顾名思义，协议 DAO 是为帮助构建协议而存在的协作体。

一个典型的例子是 MakerDAO。Maker 协议不是完全由一个中心化团队构建和管理，而是由相关的 DAO 精心策划的。

事实上，在其多年的运营中，Maker 已经构建了一个由 15 个核心单元组成的复杂结构。每个单位都有自己的任务和预算，由一个或多个促进者管理，协调和支付酬劳给贡献者，以实现 MakerDAO 的长期目标。此外，每个部门都是一个独立的结构，受其自身条款的约束，但仍对 Maker 持有者做出响应。

Sushi、Uniswap 和 Compound 也可以被视为协议 DAO，尽管它们都根据自己的结构运行。

什么是MakerDAO？

MakerDAO 是一个在以太坊区块链上开发借贷、储蓄和稳定加密货币技术的组织。

简单来说，它是一个建立在以太坊上的 DAO，允许在不需要中间人的情况下借贷加密资产，MakerDAO 由管理借贷的智能合约服务以及两种货币（DAI 和 MKR）组成，以规范贷款的价值。

MakerDAO 是 DeFi 运动的一部分，它创建了一个协议，允许任何拥有 ETH 和 MetaMask 钱包的人以 DAI 稳定币的形式借钱给他人。

通过在 MakerDAO 的智能合约中锁定一些 ETH，用户可以创建一定数量的 DAI，锁定的 ETH 越多，可以创建的 DAI 越多。当用户准备解锁作为 DAI 贷款抵押品的 ETH 时，他们只需偿还贷款和相关费用。

谁发明了 MakerDAO，它有什么特别之处？

卢因·克里斯滕森是 MakerDAO 的创始人和现任 CEO。

如果没有信用检查和人们彼此保持诚实，那么借贷如何在区块链上发挥作用？答案是清算，即资产转化为资本以偿还债权人。

当贷款的抵押品价值降至某个点以下时——这意味着 ETH 的价格已经远远低于借入的 DAI 的数量——贷款就会被清算。换句话说，用作抵押品的 ETH 被出售以偿还借入的 DAI 以及罚款和相关费用。清算和清算威胁通过防止人们借贷过多来保持系统稳定。

此外，如果"清算威胁"使系统保持诚实，那么 MKR 代币持有者是最后的贷款人。当 ETH 的价格崩盘并且一次清算太多贷款时，MKR 被创建并出售以偿还贷款。同时，费用必须以 MKR 支付，清算罚款用于回购 MKR，这些 MKR 会被烧毁或销毁。理论上，MKR 应该始终有足够的价值来支持清算贷款。DAI、ETH 和 MKR 作为一个自动制衡系统运行，两两之间相互抵消，以保持系统稳定和去中心化。

让我们梳理一下三者是如何工作的。DAI 是以太坊区块链上的 ERC-20 代币，价值稳定为 1 美元。它也是 MakerDAO 借贷系统的关键。当有人在 MakerDAO 上借出一笔贷款时，就会创建 DAI，这是用户借入和偿还的货币。MKR 代币由 MakerDAO 创建，其主要目的是支持 MakerDAO 的 DAI 代币的稳定性，并为 DAI 信用系统提供治理。MKR 的持有者对系统的运行和未来作出关键决策。

未来

MakerDAO 已成为 DeFi 运动的经典项目之一，这要归功于一系列推动项目发展的合作伙伴关系。

然而，对于 MakerDAO 来说，未来不是完全光明的。与该领域的许多其他项目一样，它受到全球性重大事件的影响。

这意味着系统可能变得不稳定。不过它还处于早期阶段，如果 MakerDAO 能够克服这些挑战，它只会变得更强大。

Aave DAO

Aave 是另一个采用动态治理系统的 DeFi 协议，使用户可以为加密生态系统的管理和发展做出积极贡献。

这是通过引入 AAVE 代币来实现的，该代币协议能向 Aave 用户分配投票权。用户可以通过持有 AAVE 代币或 stkAAVE（质押 AAVE）参与 Aave 项目的治理。最初，只有 Aave 开发团队可以提交提案。后来在 2020 年 12 月激活了更新版本的治理协议，以确保整个 Aave 借贷生态系统运作是去中心化的。

去中心化后治理系统变得更加强大，因此所有 AAVE 和 stkAAVE 持有者都有资格提出治理提案。此次升级还实现了另一项改进，即分配给每个代币持有者双重投票权。

现在，所有代币持有者都可以自行委托自己的投票权和提议权。换句话说，如果 AAVE 持有者将他的提案权委托给另一个社区成员，一旦提案被审议，他仍然可以行使他的投票权。此外，治理协议升级带有多个执行者。

DAO 组织生态全景图——慈善 DAO

慈善 DAO 又称 Grant DAO，也是历史上 DAO 的第一种类型。社区捐赠资金并使用 DAO 投票决定如何以治理提案的形式将资金分配给各种贡献者。Grant DAO 的治理最初是通过不可转让的股份进行的，这意味着成员参与的主要动机是产生社会效益而非财务回报。Grant DAO 表明，利基社区在资本分配方面比正式机构更灵活。

Moloch DAO——在以太坊生态系统中资助公共产品

Moloch DAO 为公共产品项目提供资金以改善以太坊生态系统。

Moloch DAO 的名字起源于《圣经》，旨在创造更美好的未来。在成立后的三年中，Moloch DAO 资助了数十个项目，并帮助了以太坊生态系统中的其他数百个 DAO。

在一个往往更关注短期个人收益的领域中，Moloch DAO
通过资助数字公共基础设施——从以太坊开始——并引发围绕
区块链进行开发的潮流，着眼于更长期的项目。

什么是 Moloch DAO?

Moloch DAO 为旨在改善和推动以太坊生态系统的项目提
供资金。该组织有 70 名成员，控制着超过 500 万美元的资金。

它由其成员决定哪些项目可以获得资助。Moloch DAO 将
区块链技术视为一种公共产品，也就是说，像道路、清洁空气
和公共广播一样，区块链技术是每个人都可以从中受益并且应
该平等获得的东西,但管理和开发公共产品却并不简单,简言之,
每个人都想使用公共产品，而这会导致资源过度使用和资源退
化。这些公共产品管理方面的缺陷可以从根本上被归结为协调
失败和激励错位。

Moloch DAO 的创建者敏锐地意识到这个区块链领域中的
老问题，特别是在以太坊 2.0 开发方面。2019 年，他们着手创
建组织和技术，以协同服务以太坊 2.0 的发展，为更多的人提
供更大的价值。与比特币是构建 BTC 加密货币的网络类似，
Moloch 是构建 Moloch DAO 的技术框架。这是一个重要的区别，
因此值得我们花一些时间更详细地解释它。

Moloch DAO 是如何工作的?

我们可以从三个角度来理解 Moloch DAO：技术、成员资
格和赠款接受者。

从技术角度来看，Moloch DAO 作为写入以太坊区块链的 Moloch 框架存在，它是一组以代码表示的规则和操作，根据特定和预定义的标准执行。（从这个角度来看，Moloch DAO 是一个开拓者。）

Moloch DAO 的成员可以选择资助哪些项目。成员决定资助哪些项目的权力由他们各自所持的股份代表，即锁定在 Moloch DAO 库中的基础资金的不可转让的按比例债权。

任何人都有资格申请赠款。Moloch DAO 每年进行三轮拨款，分别为每年 4—5 月、8—9 月和 12 月至下一年 1 月，通常共分配至少 100 万美元。赠款资助了以太坊生态系统中的一系列项目，从工具到研究再到教育领域项目。

Moloch DAO 有什么特别之处？

在加密领域，如此多的发展和活动都是由个人利益驱动的，但 Moloch DAO 将自己定位为一个旨在促进共同利益的组织。然而，它的特殊性超越了利他主义。Moloch DAO 的一个显著特点是其优雅的简洁性。自成立以来，在"最小可行 DAO"理念的指导下，Moloch DAO 的目标是使用 Moloch 框架，仅将最小且必要的功能放在链上。这种简单性提高了系统安全性，因为更少的代码意味着故障发生的概率更低，并且更容易被修复。它增强了可用性，因为它易于使用和理解，它还使框架更具可扩展性，以满足各种用例和不断变化的需求。

Gitcoin——开源开发市场

Gitcoin 是一个平台，编码人员和开发人员可以在该平台上获得报酬，以使用各种编程语言开发开源软件。用户还可以向 Gitcoin 平台提交自己的项目提案，以便从捐助者那里众筹资金。除了直接的社区众筹之外，Gitcoin 还采用了一种被称为二次融资的独特系统来帮助社区筹集资金，以加速推进社区看好的项目的开发。总而言之，Gitcoin 是一个平台，旨在促进有意义的开源项目的开发，并更好地协调捐助者和开发者的利益。

什么是 Gitcoin?

Gitcoin 认为开源软件是软件开发和现代计算不可或缺的基石。Gitcoin 加密平台于 2017 年 11 月推出，旨在促进开源软件项目的合作，它通过奖励和赠款来激励开发人员承担开发项目以实现这一目标。通常为开源项目做出贡献的开发人员几乎都没有直接补偿，因为这些软件本质上是免费且开放的，而 Gitcoin 的创建是为了帮助补偿那些为有意义的开源软件应用程序做出贡献的开发人员。Gitcoin 平台专注于资助公共产品项目，这些项目通常是非竞争性的和非排他性的——换句话说，它们旨在使所有人受益，而不必相互竞争。

这些公共产品项目包括与清洁空气、基础设施和隐私相关的项目，以及致力于在以太坊生态系统中解决相关问题的项目。例如，一些正在进行的项目计划将以太坊的源代码翻译成不同的语言，以加速 Gitcoin 向完全去中心化的过渡，并支持教育类内容创作者。Gitcoin 旨在通过提供参与黑客马拉松的赏金和社区资助等经济激励来鼓励有才华的开发人员加入该平台。有项目的开发者可以在 Gitcoin 平台上提交项目提案，直接从其他贡献者那里众筹资金，并通过平台的二次融资机制争取获得额外资金的机会。

二次融资和 Gitcoin 加密赠款

Gitcoin 加密资金通过被称为二次融资的专有系统直接投入公共产品项目中。二次融资是众筹活动的一种模式，其中来自个人的捐款与来自较大捐助者提供的较大资金池的相应资金数额相匹配。资金不是按照 1 ：1 的比例来匹配，而是按照专门的公式进行匹配的。该公式经过优化，以奖励获得更多社区支持的项目。因此，如果一项赠款收到 100 次 1 美元的个人捐款，它会收到比收到一次比 100 美元捐款更多的匹配资金。二次融资旨在协调捐助者、寻求资金开展公共产品项目的人和开发商三者的需求。

通过二次融资，小额捐助者能够支持他们认为最好的公共产品项目，并通过捐助项目推动资金匹配。同样，有目标的开发人员可以利用 Gitcoin 平台上的二次融资来资助他们自己的项目。提交自己的资助申请的用户必须起草一个明确的项目名称和描述，并说明他们是否希望贡献者以特定的 ERC-20 代币捐赠资金（Gitcoin 支持所有 ERC-20 代币）。目前，二次资金匹配池的资金主要来自用户对 Gitcoin Grants 官方匹配池基金的捐款，不过还存在其他匹配池，并且 Gitcoin 可能会继续创建更多匹配池。用户可以向匹配池捐款，然后将这些资金根据二次融资公式按比例被分配给热门项目，每季度进行一次匹配。截至 2021 年 10 月，Gitcoin Grants 已将约 3,500 万美元投入用于开源公共产品项目，其中约 500 万美元被投入用于专门的赏金项目，这是开发人员在 Gitcoin 上赚钱的另一种方式。

Gitcoin 赏金

Gitcoin 使用户能够通过 Gitcoin 平台来资助旨在解决某些技术开发问题的项目，并且项目支持众包。作为赏金的资助者，用户必须在 GitHub 上创建问题，并在 Gitcoin 上资助该问题（提供项目详细信息、完成时间表以及任何其他要求或相关信息），然后贡献者可以提交一个简短的表格来表达他们对完成问题的兴趣。Gitcoin 赏金可以是许可的，需要资助者批准才能使用，也可以是无许可的，允许任何人随时完成任务并获取赏金。通过 Gitcoin 赏金，资助者可以自行选择开发人员、设定时间表，并且可以随时撤销项目。

反之，开发人员可以选择为任何公开上市的项目做出贡献，赏金是开发人员可获得的项目资金总额。赏金越高，每小时费率可能就越高。例如，赏金在 1,500 美元到 5,000 美元之间的项目可能会有 50 美元到 195 美元的每小时费率。对于赏金在 5,000 美元到 50,000 美元之间的项目，每小时费率可能会跃升至每小时 125 美元到 520 美元之间。每小时费率也因技能和所需的特定编程语言而异。例如，需要基本计算机编程技能（如 CSS 和

HTML）的项目启动率低于需要更高级的语言（如 JavaScript 和 Solidity）的项目，后者能为开发人员提供更高的薪酬。

通过 Gitcoin 代币（GTC）进行社区治理

Gitcoin 的原生治理代币 GTC 是一种用于社区平台治理的 ERC-20 代币。总代币供应量为 1 亿枚，分配比例如下：15% 以追溯空投方式分发给平台用户；35% 分配给现有利益相关者；50% 由 Gitcoin DAO 分配 GTC 代币。分发的目的是奖励 Gitcoin 平台的早期用户以及未来贡献者。

追溯空投被发送给早期平台用户，这些用户参与了诸如打开赏金、提交工作给赏金、打开赠款或为赠款做出贡献等活动；分配给利益相关者的 GTC 被分配给创始团队、投资者、员工和战略合作伙伴；被 Gitcoin DAO 保留的 GTC 代币由社区主导的金库管理，并且在 2023 年 5 月之前，当 5000 万个 GTC 代币全部解锁时，可以按月等额分期付款。

Gitcoin 由 DAO 管理，其中用户可以利用他们的 Gitcoin 代币来发起和投票各种提案，从而参与平台治理。该平台正在逐步过渡到完全去中心化，最终所有平台治理都将移交给社区。这一转变由社区管家带头，他们被选中是因为他们与 Gitcoin 的使命和价值观保持一致，并且愿意每周甚至每天为 Gitcoin 加密生态系统做出贡献。Gitcoin 管理员最初的任务是围绕 Gitcoin Grants 制定政策。Gitcoin 治理过程主要围绕着几个预先确定的"工作流"展开，它们定义了社区成员可以提交的提案的主题。目前，主要工作流程如下。

（1）公共物品资助。召集社区为公共物品提供资金，并为各轮融资设定标准。

（2）公共物品原型。创建 Gitcoin 独特架构，提出针对公共物品问题的解决方案。

（3）女巫防御者。制订解决方案以避免 Gitcoin 受到"女巫"攻击（外部恶意攻击）。

（4）渐进式去中心化。使 Gitcoin 的架构更加模块化、更加简化，以更好地促进持续的社区治理。

Gitcoin 加密生态系统的未来

Gitcoin 为有兴趣创建更开放的互联网以及共同构建 DAO 社区的捐助者和开发者提供了一个平台，加速了区块链中开源软件的开发。通过将资金引导到有意义的开源项目，Gitcoin 继续促进 Web 3.0 的去中心化。

本节介绍了 Grant DAO 的两个经典案例，其实还有很多组织值得一提，诸如 JuiceBox DAO、阿桑奇 DAO，有兴趣的读者可以自己去了解相关内容，这里不再赘述。

DAO 组织生态全景图——社交 DAO

社交 DAO 旨在将志同道合的人聚集在同一网络社区中，围绕一种代币进行协调。以 Friends With Benefits 和它的 FWB 代币为例，要加入这个社区，用户必须提交申请并获得 75 个

FWB 代币。加入社区后，成员可以组织许多杰出的加密货币建设者、艺术家和创意人士，并参加独家活动。

围绕代币，成员合力创造一个有价值的社区，他们在这里分享见解、举办聚会和盛大的派对等。随着越来越多的人了解了加入 FWB 社区的好处，它的代币也在同步升值，FWB 的价格已从 10 美元升至 75 美元，因此加入该社区的成本也从约 750 美元升至约 6,000 美元。

FWB 的 DAO 重新开启了通过数字经济赋能的社交 3.0 时代，一个人可以不只是观众，也可以是一个管理员、创造者，或者是一个用户。

什么是 FWB DAO?

FWB 是一个将集体文化和技术结合在一起的新型社交社区，它也是一个自行组织、富有创造力的互联网原生社区。FWB 以人类价值观为核心，成员共同合作进行内容创作。这个社区由艺术家、创作者和领导 Web 3.0 转型的人员组成，FWB 则是成员和实现集体使命的技术之间的桥梁。FWB 代币在这个经济中扮演着非常重要的角色，它创造了一种文化，让每个人都能参与其中，为代币许可社区铺平道路。

社区驱动的 DAO

FWB DAO 欢迎所有愿意遵守以下原则的人。

（1）共享身份：FWB 鼓励每个成员向社区介绍自己。它可以更好地沟通成员和识别成员的独特技能和才能。

（2）多元化：FWB 欢迎多元化，任何背景的成员都会受到尊重和平等对待。人们对各种讨论持开放态度，从而使讨论富有成果。

（3）包容：FWB 社区拥有出色的知名成员，他们也是某些方面的专家。尽管如此，社区所做的最好的事情就是对每个人都一视同仁，无论是老手还是新手。

（4）责任：社区依靠成员自我监管，这意味着版主不会监控每条消息，但如果有成员被判有罪，他可能会受到处罚。因此，成员要尽量保持社区礼仪，如果仍有未解决的问题，可以通过DM 帮助自己。

（5）安心：成员在 FWB 社区里会感到自信和舒适。在这里，人们可以参与严肃的讨论和发表理性的见解，也可以分享他们的个人经历。不过，社区成员有义务遵守一套协议，即不做不公平的事情，不扰乱 FWB 社区的和平环境。这些原则是社区运作的基础。它们被采纳和发布得越多，社区就会变得越大、越强和越好。

FWB 是如何工作的?

FWB 有一个参与框架，包括治理、董事会、团队负责人和贡献者。

（1）治理。它包含 FWB 代币持有者，他们投票支持 DAO 的提案并通过论坛参与治理。

（2）董事会。董事会由团队成员、顾问和社区成员等混合实体组成，他们专注于制定有效的社区建设战略。FWB 通过代币激励顾问。

（3）团队负责人。团队负责人是管理贡献者团队的成员。他们是根据自己的经验被选出的。他们批准用于赏金或奖励的资金，设定关键优先事项，促进协作成功。

（4）贡献者。他们是持有 FWB 代币的成员。贡献者通过积极参与活动为团队提供动力，并根据他们的贡献水平获得奖励。

这些团队是如何运作的呢？贡献者会根据他们的技能和兴趣获得明确的行动号召，以加入团队。团队领导每周安排与董事会顾问的一对一会议，讨论挑战、优先事项和 KPI。团队领导和董事会成员通过每月一次的会议向治理层汇报，并提供渐进式更新和社区讨论。

每个团队都会根据提案获得预算。预算取决于提案可能产生的价值。每个团队负责人都有固定工资，而贡献者则根据其贡献水平分享剩余资金。他们获得的报酬取决于他们为团队带来的价值。团队负责人在需要时可以创建新团队，会议会决定是否批准。每个团队的成功都是通过团队成员的积极合作来衡量的。

未来的发展

Web 3.0 利用技术和网络为艺术家提供激励机制，它将成为一个由去中心化系统领导的具有文化影响力的网络空间，并释放掌握在少数人手中的权力。在这种模式下，互联网上的陌生人可以聚在一起，重新定义他们创造文化和促进文化发展的方式。

借助 Web 3.0，FWB 将有可能实现一些体验和独特的产品，这些产品将带领我们体验 Web 3.0 版本的人际互动和联系。

APE基金会和ApeCoin DAO

Yuga Labs 是一家 Web 3.0 公司，以创建 BAYC 而闻名。它将成为 ApeCoin DAO 的社区成员，并将采用 APE 作为新项目的主要通证。Yuga Labs 是 APE 生态系统的贡献者，将协助为整个生态系统创建产品和体验。

APE 基金会是 ApeCoin 的管理者，ApeCoin 是一个管理 ApeCoin DAO 决策的法律实体。

什么是ApeCoin DAO?

APE 基金会旨在促进去中心化和推进由社区主导的治理模式。它的任务是管理 ApeCoin DAO 的决策，并负责日常行政、簿记、项目管理和其他任务，以确保 DAO 社区的想法得到足够的支持。因为去中心化治理对于建立和管理一个全球分散的社区至关重要，因此 ApeCoin DAO 对于 APE 生态系统意义重大。

APE基金会的一个特别委员会（DAO 的董事会）应 ApeCoin DAO 成员的要求对基金会管理员进行监督。

小结

其他社交 DAO 使用 NFT 作为解锁进入更广泛社区的机制，

例如拥有 Bored Ape NFT 可以解锁 BAYC 的对话、活动、NFT 空投和商品交易。在这种情况下，社区的感知价值推动了 NFT 的收集价值。

这类 DAO 仍处于起步阶段，目前仍需要时间来观察到底哪些模式可行、哪些不可行，但这些社区的迅速崛起表明，它们代表了一种强大的新的社会组织形式。

DAO 组织生态全景图——服务 DAO

服务 DAO（Sevice DAO）看起来像在线人才机构，将来自世界各地的陌生人聚集在一起并构建产品和服务。客户可以为特定任务发放赏金，一旦完成，它在奖励个人贡献者之前需要向 DAO 金库支付部分费用。贡献者通常还会收到在 DAO 中传达所有权的治理通证。大多数早期的服务 DAO，如 DxDAO 和 Raid Guild，都专注于将人才聚集在一起以构建加密生态系统。他们的客户包括其他加密项目和协议，客户发布的任务包括从软件开发到图形设计再到营销的一切工作。

服务 DAO 可以重塑人们的工作方式，让全球人才能够在自己的时间工作，并获得他们关心的所有权股份。虽然早期的服务 DAO 以加密货币为重点，但人们可以设想未来 Uber 将被 UberDAO 取代，UberDAO 将司机与乘客配对，同时向司机支付网络中的所有权股份。

为什么会出现服务DAO?

相比传统的咨询公司,服务 DAO 具有以下 4 个关键优势。

1. 贡献者获得直接所有权

服务 DAO 的贡献者既获得了他们为每个客户创造的价值的份额,也获得了整个组织的份额——它的声誉或未来的收入。

据服务 DAO 的创始人称,所有权从根本上改变了人们对待组织的方式。它更好地调整了激励措施,并造就了一种更加协作和开放的文化。

2. 开放的贡献文化

一些服务 DAO 是结构化的,因此任何人都可以加入并做出贡献。

如果你拥有技能并且对 DAO 有很大的贡献,那么你就能在 DAO 中拥有一个工作账户。那些过滤申请人(通过面试、回顾历史工作)的 DAO 更看重一个人为 DAO 增值的能力。

3. 更好地理解客户的问题

服务 DAO 的最大客户是其他 DAO 和加密协议。这些客户在开发、运营、管理、薪酬、公关、法律等方面面临特殊挑战,而这些问题可以由其他 DAO 解决。例如,DAO TO DAO 的销售人员更熟悉如何游说代币持有者通过治理提案和多重签名。

4. 减少贡献者的收入波动

贡献者通过服务 DAO 社区和客户的项目获得代币报酬。由于项目中报酬的一部分会累积到组织中的所有利益相关者,个人贡献者可以随着时间的推移而平滑收益波动。

RaidGuild DAO介绍

RaidGuild 是 Web 3.0 生态系统的主要设计和开发机构，深深扎根于 DAO、DeFi、DApps 和其他前沿领域。团队来自 Meta Cartel 网络，由一群多元化的人才组成。

RaidGuild 是通过 Daohaus 发起的几个组织之一，自称是"一个分散的雇佣兵集体，随时准备创造出 Web 3.0 的杀手级应用"。它的成员在基于 Web 3.0 的产品中共同开发品牌和协作工具。通过项目和其他方式筹集的任何资金都将重新投资于开源工具开发。

RaidGuild 成员斯潘塞说："我加入 RaidGuild 是因为我希望进入 Web 3.0 领域，并且因为 RaidGuild 拥有十分优秀的人才。但我没想到 RaidGuild 会是一个如此热情和充满协作精神的建设者社区，并为我带来许多新朋友。在我看来，RaidGuild 是 DAO 精神的旗帜，引导着整个行业朝着新的工作方式转变。"

元宇宙（Metaverse）DAO 介绍

元宇宙因为具有共享数字空间的开放性和去中心化世界的特征而具有吸引力。通过在虚拟空间中镜像复制现实世界，开启了数字化转型的下一阶段。

人们对元宇宙和加密空间的关注呈爆炸式增长，特别是在人们使用 DeFi、NFT 和玩赚钱游戏的情况下，元宇宙环境变得混乱和复杂。元宇宙该如何治理呢？它将有什么样的解决方案？元宇宙中的 DAO 也许可以解决这个问题。

元宇宙 DAO 是一个基于以太坊区块链网络的创新农场，即服务项目，旨在帮助用户通过不同的基于区块链的网络从单产农业中获得被动奖励。该项目旨在提供更容易获得农业奖励的机会，而无须用户投入太多努力。它专注于提高本地 MDAO 代币持有者的利润。财政钱包根据 DAO 治理规则为跨不同网络的农业提供资金，随后，所有奖励将自动进入股息池，投资者可以从中以 MDAO 或 ETH 的形式领取奖励。

总结

DAO 的生态系统是通过其智能合约与社区之间独特的协同工作来创建和维护的，这有助于规范各自的链上和链下参数。

尽管合约定义了组织的规则并规范了诸如资金分配和使用等关键方面，但 DAO 的成员仍然需要定期对提案和系统升级进行投票，以确保他们的组织继续实现其基本目标。

一旦 DAO 的智能合约在以太坊或它们各自的网络上运行，DAO 的任何一个成员都不能在没有来自其基础设施各个级别和层级的其他成员（从各种内部工会到其社区创始人）的一致同意的情况下更改其协议。

DAO 的生态系统类似于一个帮助我们的身体每天作为一个有凝聚力的单位运作和工作的系统。从心脏到肠道，再到大脑，每个器官都有独特、重要且复杂的作用，而且它们不能单独存在或运作。

更重要的是，它们共同努力来维持人的生命——在 DAO 的背景下，这可以当成以太坊网络或其独特的子社区合并。

也许，DAO 的数字生态系统和帮助我们的身体运作的系统之间的唯一区别是，一个将通过数据网络永久地存在，并得到持续维护，而另一个总是随着生命的流逝而消失。